仟元內值得喝的葡萄酒 2020

Wine worth drinking in a thousand dollars

自序

連續出了 2015，2016 和 2017 仟元內值得喝的葡萄酒之後，就有點猶豫要不要再出下一本書？起心動念想出書的原因是除了純分享個人喝每一支酒時的想法，同時也想讓酒友有機會能找到我喝過的酒，後來發現，雖然有很多葡萄酒，但是通路有限，我找的到，並不代表酒友喝的到，因此，在 2018 年時，有些猶豫還要不要繼續出；後來酒友們，有事沒事都會問一下，下一本，什麼時候出？因此在 2018 下半年，重新拿筆，預計出 2019 的版本，結果事與願違，拖了一年多，這次出的書，從「2019 仟元內值得喝的葡萄酒」變成「2020 仟元內值得喝的葡萄酒」。

會拖了一年是因為當初在準備 2019 年的版本時，沒想到，當時的酒喝太少，稿量不夠，再加上找酒不易（因為想再記錄 80 支在過去書中，沒被記錄到的酒），因此整整拖了一年，變成了 2020 的版本。

這本書，跟 2016 和 2017 的概念一樣，是全新的 80 支酒。另外在每一章節，還加了一些概述，希望能幫助第一次接觸葡萄酒的酒友們，作一些簡單的葡萄酒相關知識的簡介。

在找酒過程中，特別感謝泰德利與星坊，還有 TWS 提供了很多酒單，幫我解決了很多找酒的困境；另外也特別謝謝 Wine Café 無償提供場地，讓我試了絕大多數的酒款。當然，還要謝謝很多來不及提到的酒友們與贊助商，以及葡萄酒筆記的後勤支援。

真的，成就一本書是真的不容易，謝謝所有協助過的朋友們。

自己問自己，下一本書，什麼時候？也許是兩年後吧！

推薦文

從 2014 年認識浪子酒歌學長，因著是高中校友的關係，得到了學長非常多葡萄酒知識的分享。浪子酒歌是第一位帶領我深入葡萄酒世界的引路人，每一次的品酒聚會，總能非常仔細地從酒標說起酒莊的故事，再說到葡萄的品種，品飲的風味，跟搭餐的配合。那一年對於剛接觸葡萄酒世界的我，在他生動有趣，又淺顯易懂，卻非常有條理的分類說明下，對於酒的知識與品飲有了極快的進步。

2015 年，他出了第一本仟元內值得喝的葡萄酒，非常有系統地把葡萄品種跟釀造出的葡萄酒做了詳細的分享，而不單純只是硬梆梆的知識分享；在書裏面，同時寫下許多不同類型葡萄酒的實際品飲經驗，並教大家如何在有限的荷包內挑選出一支好喝又耐人尋味的酒，讓有心想要接觸葡萄酒的人，不會掉入「以為一定要很昂貴的價格才能喝得到好的葡萄酒的既定印象，因而扼殺了想要了解葡萄酒的念頭。」

看完這本書對於葡萄酒世界的基本知識，概念，也就夠了；他把 30 年來的品酒功力，毫無私心的全部分享，而這一本書，也成為我送給很多跟我同在旅遊業需要了解葡萄酒知識的領隊朋友們的工具書之一。

市場上，有很多葡萄酒的書籍介紹，但我敢說沒有一本如浪子酒歌寫得既生動又容易讀，書中的排版從酒標，產區，品種到如何購得，一看就能理解，即使是對葡萄酒完全沒接觸過的朋友們，在收到我送的書後，讀完都能很快地理解也記住內容。

延續著 2015/2016/2017.... 每一年浪子都精選當年度的一些仟元佳釀，在睽違了兩年後，即將盼到 2020 仟元內值得喝的葡萄酒出版，浪子的這一本書，絕對值得收藏！

當然如果之前的幾個版本沒買上，也記得一起補上，一系列擁有。讓我們跟著書上推薦的酒款，一起開始進入葡萄酒的美好世界吧！

生活旅行家 / 旅遊達人　Yvonne

Yvonne Lu

呂憶雯

推薦文

我是透過跟朋友歡聚來認識葡萄酒的。最早的啟蒙老師是中環的董事長翁明顯先生，每次和他的餐敘都喜歡聽他說酒莊的故事、葡萄酒的品種，他也教我品酒，把酒倒入口中，停留一下，留意一下第一口到最後一口的變化，當我的朋友都在喝甜甜的 akadama 時候，我已經愛上葡萄酒單寧的風味。

我發現我喝過五大酒莊的酒，因為我認得城堡的酒標，有些都是翁先生教我喝的，當時他非常大方，打開酒窖讓我挑酒，我常常隨手一拿就是好酒，當時他還笑我是「奶油桂花手」，後來我念 EMBA 時候，同學各有來頭，多是葡萄酒高手，大家喝酒也談酒，同學中包括 Keeper、連榮他們喝 Petrus, 也見識了波爾多右岸酒王的價值跟魅力。

雄哥年紀比我小，也是我的酒友，在他的帶領下，進入我的微醺人生，有一次他帶了一瓶德國白酒 Egon Muller 之後，我愛上這款酸甜有味的白酒，不管是日本料理或是中式料理，總是還念這一味，還有一款美國著名膜拜酒莊的 Belle Glos, 也讓我印象深刻。

去年認識了義大利朋友 Alessio，簡稱酒先生，帶我認識義大利的酒跟美食，我發現義大利人跟台灣人一樣，愛家庭跟朋友歡聚，其中少不了義大利的白酒，我特愛 MYO 酒標就是一個倒立的葡萄酒杯，很難讓人不愛上她的風味，還有 2017 年的 Ottella Le Creete，如果喜歡紅酒，elpontar ripasso 有酒王小老弟的美稱，值得一試，如果以價錢來說，都在二仟元左右。

浪子是我好姊妹的朋友，過去由科技業退休之後，一直浸淫在葡萄酒的世界中，也多次出版葡萄酒的著作，他把複雜的名詞跟大眾介紹，也教大家如何找到自己喜歡的酒，更重要的是，他推薦仟元以內值得喝的好酒，他已經休息兩年未再出版，這次推出的新指標，特別令人期待。

如同我的葡萄酒歷程，都是因為好朋友的帶領而進入一個知識跟常識豐富的微醺世界，酒之好，除了品種、年分、產區之外，最重要的是好朋友一起歡聚的時光，畢竟，好酒、好菜，更需要好朋友！

中廣理財生活通節目主持人 夏韻芬

夏韻芬

目錄

前言

葡萄酒的種類 …… 10
葡萄品種 …… 11
認識酒標 …… 12

一 . 汽泡酒

多彩繽紛汽泡酒 …… 16
01 香檳就是百搭 …… 18
02 西班牙香檳 Cava …… 20
03 義大利國民香檳 Prosecco …… 22
04 不甜的 Tosti Asti Secco …… 24
05 簡單的粉紅汽泡酒 yellow tail Pink Bubbles …… 26
06 趴踢的好夥伴 Lambrusco …… 28
07 豔陽天就喝 Frizz 5.5 Verdejo …… 30

二 . 白酒

你一定要認識的白葡萄品種 …… 34

國際品種

Chardonnay

08 要認識 Chardonnay，就從 Chablis 開始吧 …… 36
09 喝了 Chablis，再來一杯 Pouilly Fuissé …… 38
10 回味無窮的 Macon Bussières …… 40
11 車庫酒 Cartlidge Browne …… 42
12 高原上的 Chardonnay, Finca Las Palmas …… 44
13 精品酒莊 Domaine Cordier …… 46

Sauvignon Blanc

14 甜酒酒莊的不甜白酒 G de Château Guiraud …… 48
15 波爾多式混釀 Cape Mentelle Sauvignon Blanc Semillon …… 50
16 讓你腦袋瞬間清醒的 Taltarni Sauvignon Blanc …… 52
17 餐桌上的 Woodbridge Sauvignon Blanc …… 54
18 喝酒的 50 個理由 Neleman Sauvignon Blanc …… 56
19 高酸度的 Tinpot Hut Sauvignon Blanc …… 58

Riesling

20 認識 Riesling 從德國開始吧 …… 60
21 帶著清涼感的 Dr. Loosen Blue Slate Riesling Dry …… 62

22 有汽油味的 Petaluma Riesling 64
23 清爽的 Kungfu Girl Riesling 66

特定品種

24 值得細品的奧地利 TOPF Grüner Sylvanner 68
25 荔枝蜂蜜香的 Gewürztraminer 70
26 勃根地特有的 Aligoté 72
27 奧地利的白葡萄明星 Grüner Veltliner 74
28 超不一樣的南非 Protea Pinot Grigio 76
29 獵人谷特有的 Semillon 78

特定產區

30 西西里島專屬的白葡萄品種 Insolia 80
31 帶著青瓜香氣的 Il Poggione Moscadello di Montalcino 82
32 好想搭海鮮的一支酒 En la Parra 84
33 伊甸園中的蘋果？ 86

三．粉紅酒

輕鬆浪漫粉紅酒 90
34 粉紅酒，就是要普羅旺斯 Triennes Rosé 92
35 夏夜裡的燒烤餐酒 Girofle Rosé 94
36 紐西蘭粉紅酒 Kim Crawford Rosé 96
37 北義粉紅酒 Rosa del Masi 98
38 少見的西班牙 Rioja 粉紅酒 Viña Real, Rosado 100

四．紅酒

你一定要知道的紅葡萄品種 104

國際品種

Cabernet Sauvignon

39 飛行釀酒師的葡萄酒 Clos de los Siete 106
40 新鮮人會喜歡的紅葡萄酒 Enate Cabernet Sauvignon Merlot 108
41 與印象中不同的加州 Cabernet Sauvignon, The Cab 110
42 溫柔婉約的 Kaesler Cabernet Sauvignon 112
43 柔軟易飲的 Marquês dos Vales 114
44 波爾多風格的 Aquitania Reserva Cabernet Sauvignon 116

Merlot

45 香甜的 Simi Merlot 118
46 吸引人的右岸葡萄酒 Saint-Émilion 120

47 夢幻產區玻美侯的鄰居 Lalande-de-Pomerol …… 122
48 有著咖啡香的 Valdivieso Merlot …… 124
49 義大利 Merlot Redentore …… 126
50 適合搭德州 BBQ 的 Kendall-Jackson Merlot …… 128

Pinot Noir

51 了解全球最貴的葡萄酒，從認識黑皮諾開始 …… 130
52 值得一試的 Santa Barbara 黑皮諾 …… 132
53 喝了口乾的 Sensi Collezione Pinot Noir …… 134
54 初戀的味道 Wild Rock Cupids Arrow Pinot Noir …… 136
55 德國黑皮諾 Dr. Bürklin-Wolf …… 138
56 帶草味的 Carmen Premier Reserva Pinot Noir …… 140

Syrah/Shiraz

57 喝 Syrah，從法國的隆河開始 …… 142
58 較柔和的 Mount Pleasant Philip Shiraz …… 144
59 發光發熱的澳洲 Shiraz …… 146
60 搭著烤肉一起走的 Shiraz …… 148
61 精品酒莊 Flaherty …… 150
62 過雙桶的葡萄酒 Jacob's Creek Double Barrel Shiraz …… 152

特定品種

63 奧地利紅酒 IBY Blaufränkisch …… 154
64 深邃的 Trapiche Broquel Cabernet Franc …… 156
65 熱情外放的 Barocco Primitivo Puglia …… 158
66 不需等待就能喝的 Nebbiolo …… 160
67 西班牙黑皮諾 Mencia …… 162
68 南非的特色紅葡萄酒 Pinotage …… 164
69 在日本得獎的 Saurus Malbec …… 166
70 小而甜美的 Dolcetto …… 168

特定產區

71 超級托斯卡尼 Mongrana ? …… 170
72 認識西班牙酒，從 Rioja 開始 …… 172
73 鮮美的加美 Domaine Robert Sérol Côte Roannaise …… 174
74 葡萄牙斗羅河葡萄酒 Barco Negro …… 176
75 一酒莊，一產區 Dehesa del Carrizal MV …… 178
76 西西里島 Cusumano Nero d'Avola …… 180
77 喝過 Chianti，試試 Chianti Superiore …… 182

78 新鮮甜美的北義混釀 Langhe Rosso 184

五．甜酒

甜甜蜜蜜葡萄酒 188
79 智利晚摘甜白葡萄酒 Viña Casablanca Late Harvest 190
80 加拿大晚摘甜酒 Pilliteri Select Late Harvest 192

六．跟著浪子喝酒趣

歡樂 KTV 196
春遊 198
魚水之歡？水乳交融？ 200
「她」是「安陵容」？ 還是「靜妃」？ 202
My Fair Lady（窈窕淑女）？ 204
到曼谷喝泰國葡萄酒 206

葡萄酒的種類

葡萄酒的種類

葡萄酒共分成五大類，每一類可釀造的葡萄品種可以高達上百種，也有非常多元的釀造方法。一般可分為紅葡萄酒，白葡萄酒，粉紅酒，汽泡酒與甜酒。

紅葡萄酒（Red Wine）

用紅葡萄釀製而成的葡萄酒，不含汽泡。葡萄酒體的顏色來自於葡萄皮，並且隨著存放時間的增長，顏色會從較清澈的紅寶石色轉變成近棕紅的磚塊色；口味由不甜（澀）的，到甜的，都有。

白葡萄酒（White Wine）

可以由完整白葡萄或是紅葡萄去皮釀造，無汽泡。口感由清淡果香的到濃郁的口感都有；口感有不甜，微甜到甜。

粉紅酒（Rosé Wine）

粉紅酒是縮短紅葡萄皮與葡萄汁一起發酵的時間，通常在兩三天後就把果皮濾除，使酒體停留在清澈的粉紅玫瑰色澤；或是由紅白葡萄一起混釀。口感由不甜到甜，質地比較清柔。

汽泡酒（Sparkling Wine）

在葡萄酒釀完後進行二次發酵，藉以產生二氧化碳形成汽泡。汽泡酒的種類有白，粉紅及紅汽泡酒；口感則由不甜礦物風味到甜的濃郁果味都有。知名的法國香檳，義大利的 Prosecco 及西班牙的 Cava 都是汽泡酒的一種。

葡萄甜酒（Desert Wine）

葡萄甜酒由釀製葡萄本身留在酒中的殘糖所形成，像法國的 Sauternes 甜酒，德國冰酒（Eiswein）匈牙利的 Tokaji 貴腐甜酒等；另一種是在葡萄酒釀造過程中加入烈酒（通常為白蘭地），因此酒精濃度較高，通常在 17~25 度，像是葡萄牙的波特（Port）或是西班牙的甜雪利酒（Sherry），而這類酒，又可稱為酒精強化酒。

葡萄品種

葡萄品種

釀製葡萄酒的原料是葡萄，因此影響葡萄酒味道的最重要因素，就是葡萄本身。理解不同葡萄品種所釀製出酒的特性與味道，對於剛接觸葡萄酒的新手而言非常重要。

對於葡萄酒新鮮人，先記住國際性品種就可以了，因為所謂的國際性品種，就是幾乎每個釀酒國都會採用的葡萄品種。

目前國際性品種可分為下列幾項：

紅酒：Cabernet Sauvignon / Merlot / Syrah(=Shiraz) / Pinot Noir
白酒：Chardonnay / Sauvignon Blanc / Riesling

為什麼說記住品種對新手而言很重要呢？

因為記住了這些品種，再把這些品種所釀的酒味道記下來，每喝一回，記一回，直到你找到最喜歡的葡萄酒品種與味道。

而上述的國際性品種所釀的葡萄酒，只要有賣葡萄酒的地方就一定找的到！

以同一品種釀的酒，不論產區還是釀酒者，一般來說，酒的本質都很接近。差異僅在產酒國不同、釀製者的不同而已。

差異性僅會出現在口感與濃郁度的差別，很少會出現讓人跌破眼鏡的巨大差異。

認識酒標

認識酒標

酒標就好比是酒的身份證，讀懂酒標，可以幫助你找到你喜歡的葡萄酒。

一般在酒標上，多的時候，會有十二，三個訊息，像是年份，產區，酒廠，等級，酒精含量，容量，生產國，.... 等訊息。少的，也有七，八個；太多而且不熟悉的訊息，對初學者，是令人困擾的一件事。而從個人的觀點，記幾個重點就好。

記那些重點，我認為只要知道年份，產區，品種，與酒莊就夠了。至於有一些葡萄酒(尤其是舊世界葡萄酒)，產區與品種的關係，對新鮮人來說，等想要進階時，再學不遲。

至於年份，產區，品種，與酒莊，分別代表的是

- 年份：從葡萄酒的生產年份，到你買到時，已經有幾年時間 ，用來判定葡萄酒的新鮮程度。

- 產區：用來理解是那個國家的酒，方便理解這個國家的特性。

- 品種：以標示的葡萄品種為主，所釀製的葡萄酒。

- 製造商：如果這酒是你喜歡的，就把酒廠名記下來，當作下次再添購葡萄酒時的參考 。

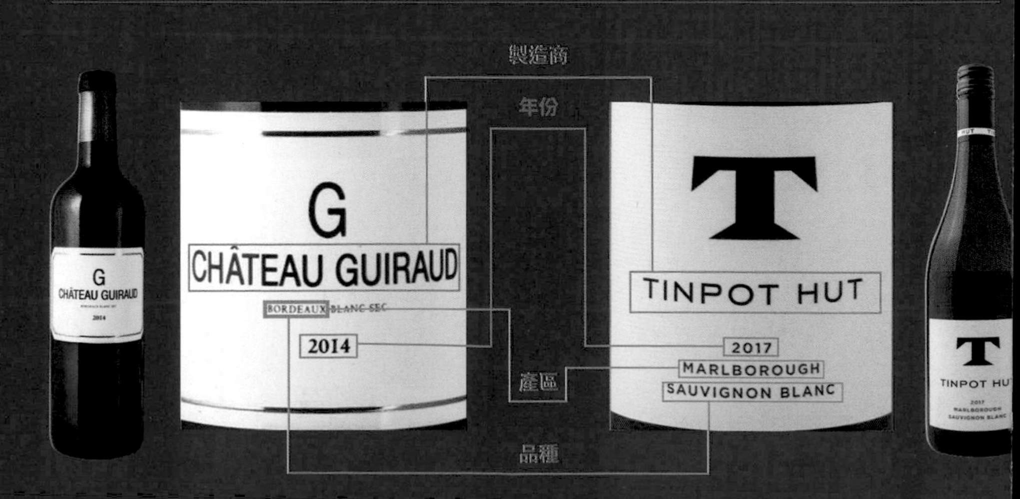

CHAPTER.01
氣泡酒

多彩繽紛汽泡酒
01 香檳就是百搭
02 西班牙香檳 Cava
03 義大利國民香檳 Prosecco
04 不甜的 Tosti Asti Secco
05 簡單的粉紅汽泡酒 yellow tail Pink Bubbles
06 趴踢的好夥伴 Lambrusco
07 豔陽天就喝 Frizz 5.5 Verdejo

多彩繽紛汽泡酒

多彩繽紛汽泡酒

汽泡酒(英語:Sparkling wine),又名起泡酒或汽泡酒,其特徵為含有一定數量的二氧化碳汽泡。二氧化碳通過酒發酵的過程,在瓶內(如:香檳製法)或大型儲酒缸中(如:沙爾馬製法)自然形成,或被注入酒中。汽泡酒通常是白色或粉紅色的,但如義大利和澳大利亞等國也分別用布拉凱托(Brachetto)紅葡萄和西拉(Syrah)紅葡萄釀造紅色的汽泡酒。汽泡酒可根據含糖量分為不甜與甜型等,不同等級。

香檳酒就是一種經典的汽泡酒。別的地區也出產汽泡酒,如西班牙的Cava、義大利的 Prosecco、南非的 Cap Classique。美國加州也是重要的汽泡酒產區。汽泡酒的發源地英國也釀造有香檳風格的汽泡酒。儘管法律有所約束,香檳地區也極力推廣香檳一詞的正確使用(即只有香檳地區生產的汽泡酒才可以稱作香檳),但是一些地區還是用香檳一詞代替汽泡酒。在法語中,Mousseux 或 Crémant 被用來稱呼不在香檳地區釀造的汽泡酒。德國和奧地利的汽泡酒叫 Sekt。

01
香檳就是百搭

香檳就是百搭

玫瑰玫瑰最嬌美，玫瑰玫瑰最豔麗，常夏開在枝頭上，玫瑰玫瑰我愛你，玫瑰玫瑰情意重，玫瑰玫瑰情意濃，常夏開在荊棘裡，玫瑰玫瑰我愛你。

這是「玫瑰玫瑰我愛你」的歌詞。重寫香檳的介紹文時，突然想起了這首歌；想把他的歌詞改為

香檳香檳最耀眼，香檳香檳最美麗，常年出現生活裡，香檳香檳我愛你。

說真的，香檳是一個很適合在各個不同場域出現的葡萄酒，想像一下，不論是生日，升遷，聚餐，宴會上，舉起香檳，那小小汽泡，源源不斷的由杯底升起，感受到是歡樂；那小小的汽泡，在口中爆開的感覺，感覺的是爽口；不論她是主角，還是配角，她都是一個稱職的最佳演員。曾經，在網路上看過一句話，「香檳就是百搭」；真的，「香檳就是百搭」，這句話說的真好。

近年來，全球市場的興起，間接也推動了香檳市場價格的「水高船漲」。現在，要在台灣市場上，找到仟元以下的香檳，是不太容易的。有的話，大概就是要到 Costco，家樂福，或是大潤發才有機會找到。

如果您不是太在意品牌，那這支「家樂福」的 ，倒是一個不錯的選擇！

酒是在「家樂福」買的。(20190803)

Label Keyword

Champagne | 香檳酒

Charles de Courance | 酒莊

Brut | 不甜

02 西班牙香檳 Cava

西班牙香檳 Cava

雖然她的正式名稱叫 Cava，但是我還是比較喜歡她以前的名字，西班牙香檳（Spanish Champagne）。

每次提到 Cava，腦袋中，浮現的就是在那溫暖的加州陽光下，喝著一杯 Cava 的優閒，雖然那是十幾年前的事了，但永遠印在記憶裏。

Cava 俗稱西班牙香檳，是西班牙的法定汽泡酒，全球產量僅次於法國的香檳區。在西班牙還沒加入歐盟之前，Cava 被稱之為西班牙香檳，但是在 1986 年，西班牙加入歐盟之後，基於歐盟「保護地方的規訂（Protected Geographical Status）」，才改以 Cava 的名稱行銷於世。

喝 Cava 的感覺，口感跟香檳很像，因為兩種酒都是以瓶中二次發酵的方式所釀製。但是對我來說，Cava 酒的顏色較香檳來的淡一點，算是很淡的金黃色；汽泡一如香檳般的細緻，口感上是清爽，但感覺較香檳來的乾澀些；而喝 Cava 的收尾時，我覺得特別的是，常常帶有著「新鮮青梅皮的香與澀」，而有些人會覺得像是「葡萄柚的果實裏，果肉與外皮之間，那層白色組織的苦與澀」，雖然感受不同，卻是類似。

如果您喜歡欣賞汽泡在香檳杯中綿延不斷的由杯底向上升起的奇妙感覺，但又不想瘦了荷包的話，那 Cava 會是一個好的選擇！

至於 Cava 怎麼買？你到了酒專或是百貨公司裡的葡萄酒專櫃，選擇西班牙汽泡酒，酒標上有 Cava 的字樣，就對了！

酒是「沃芙酒業」進口的（20190810）

Label Keyword

Cava ｜西班牙的法定汽泡酒產區

Gran Ducay ｜酒商

Methode Traditionnelle ｜傳統香檳釀製方式

Brut Nature ｜不甜

03 義大利國民香檳 Prosecco

義大利的國民香檳 Prosecco

每次聽到兒歌一閃一閃亮晶晶，我就想到了 Prosecco。

稱她為義大利的國民香檳，只因她是義大利國際知名的汽泡酒，而且是以二次發酵的方式釀製；她一樣有著香檳細膩的汽泡，唯一的差異，她是在酒桶裏做二次發酵，而香檳是在瓶中完成。

Prosecco 是義大利著名的汽泡酒產地，位於義大利東北部 Veneto 產區的西北邊，她也是義大利的第二大汽泡酒的產區。Prosecco 汽泡酒是由同名的葡萄品種 Prosecco 所釀製，當然葡萄品種 Prosecco 還有另外一個名字叫做「Glera」，最初是被種植在義大利的 Friuli 產區，直到被帶進 Veneto 後成為義大利最受歡迎的汽泡酒品種。

我喜歡喝 Prosecco，是因為她的小汽泡，就好像天上的小星星一樣，一顆顆不斷的從杯底浮現，好像不斷的在跟你眨眼睛；我喜歡喝 Prosecco，因為他的淡淡花香、水果香；我喜歡喝 Prosecco，因為她喝起來的柔軟順口，卻又帶著一點點的香甜氣。

對我來說，喝 Prosecco，沒有法國香檳的貴氣；卻又比西班牙 Cava 來的甜口，圓潤，對大多數生活在台灣的酒友，我覺得，她會是一支很好的汽泡酒。

要買 Prosecco，你可以在葡萄酒專賣店或是大型的超市裏，在眾多的汽泡酒酒瓶中。找到酒標上「Prosecco」的字樣，就對了。

照片中的 Prosecco 是「泰德利」所代理的。(20181130)

Label Keyword

Piccini | 酒廠

Prosecco | 義大利著名的汽泡酒

Vino Spummante | 義大利文， 汽泡的意思

Extra Dry | 不甜

04 不甜的 Tosti Asti Secco

不甜的 Tosti Asti Secco

印象中的 Asti，就是帶著香甜味，適合咩，或是一般大眾，是一種帶著香甜汽息的汽泡酒。

曾經在中國喝過一次 Asti Secco，一支不甜的 Asti 汽泡酒，一直想再喝一次，幸運的，在跟「星坊」的接觸過程中，發現了這支 Tosti Asti Secco。也許您會好奇，為什麼我對這支酒有興趣，而且殷殷期盼的想再喝一次！因為這是一支不甜的 Asti。不甜的 Asti ？是，不甜的 Asti，不甜的 Asti，不甜的 Asti，重要的事情要說三次。

Asti 在義大利北部，整個產區是以 100% 的 Moscato 所釀製的汽泡酒為主。Moscato 所釀製的葡萄酒，通常有著甜瓜香，帶甜味的葡萄酒；而 Asti 是以 100% Moscato，所釀製的汽泡酒；汽泡酒中的二氧化碳，相對的，沖淡了酒的甜味，更豐富了口感，更加容易入口，更適合一般普羅大眾。只是這支喝的是 Asti Secco，是一支不甜的 Asti，是較少見不甜的 Asit 汽泡酒。酒標上的 Secco，在義大利文中，代表的是不甜的意思。

這支不甜的 Asti，酒色微黃，聞著是淡淡的花香與瓜味，入口雖說不甜，但對我，卻有些許的甜氣；酒淡淡的，順順的，像濾過的果汁般的順口；整枝酒雖有著香瓜的香氣，但對我來說，更多的是，新鮮黃瓜汁的味道。是一支好入口的酒。這類的酒，我喜歡在初秋的晚宴，搭上沙拉的開場酒。

酒是「星坊」代理的。(20180927)

Label Keyword

Tosti ｜酒廠名

Asti ｜義大利產區

Secco ｜不甜（義大利文）

05 簡單的粉紅汽泡酒 yellow tail Pink Bubbles

一支簡單的粉紅汽泡酒 yellow tail Pink Bubbles

黃袋鼠(yellow tail)葡萄酒，我想很多人在便利商店，都看過黃袋鼠(yellow tail)葡萄酒。

黃袋鼠(yellow tail)葡萄酒的創辦人，Filippo 和 Maria Casella 來自於義大利，他們在 1957 年從西西里島移民至澳洲，在 1965 年落腳在 New South Wales 的 Yenda town，成立了 yellow tail，至今已經傳承至第六代。

酒廠創始人 Filippo 和 Maria Casella，以家族的釀酒哲學，「釀出隨時隨地可以跟家人，朋友一起分享的一支酒」，進而影響了現任總裁，John Casella。在 2001 年，John Casella 的願景，是釀出「簡單，易懂，容易挑選，可以輕鬆喝的葡萄酒」。這樣的願景，讓黃袋鼠在美國獲得了空前的成功，成為二十一世紀初，美國進口葡萄酒的第一名。

這支 yellow tail Sparkling Rosé Wine，黃尾袋鼠粉紅汽泡酒，是選用了 Semillon、Traminer、Shiraz 以及 Frontignac 等四種葡萄品種混釀而成的汽泡酒。

酒的顏色，呈現的是略深的桃紅色；汽泡由杯底冉冉升起；酒，散發出來的是新鮮的草莓香氣，還有一點點熱帶水果的味道；酒入口，微甜，順順的，酒的汽泡感並不強烈；酒入喉後，感到的是酒的圓潤，還有一點點紅櫻桃的尾韻；是一支容易入口的酒。

這是一支適合在一般家庭聚餐，朋友小聚的一支酒，更適合的是，姊妹淘們，一起共享的一支歡樂酒。

酒是在「家樂福」買的。(20181216)

Label Keyword

yellow tail | 酒廠

Sparkling Rosé Wine | 粉紅汽泡酒

06 趴踢的好夥伴 Lambrusco

「趴踢」的好夥伴 Lambrusco, dell'Emilia, Bianco

Lambrusco 是紅葡萄葡品種，是位於義大利中部產區的 Emilia-Romagna 的重要釀酒葡萄品種。Lambrusco 所釀製出的酒，以酸酸甜甜，口感清淡柔順，而且是帶著汽泡的紅色葡萄汽泡酒著稱，幾乎可以稱之為「義大利全民的紅色汽泡酒」。雖然 Lambrusco 是以釀製紅葡萄汽泡酒聞名，不過還是有些酒廠會釀製成白色汽泡酒，來搭配不同場合或是因應不同消費者的需求。這支 Lambrusco, dell'Emilia, Bianco 就是一支白色汽泡酒。

Lambrusco, dell'Emilia, Bianco 來自義大利的酒廠 Fratelli Cella，酒廠位於義大利中部的葡萄酒產區 Emilia-Romagna。

這支白色 Lambrusco 汽泡酒的顏色呈現的是金黃的色澤，汽泡由杯底由下往上升起，香氣是屬新鮮的蘋果香帶一些熱帶的瓜香；酒喝起來偏甜，甜中帶了些許的酸度；雖然酒的口感偏甜，但是搭配上酒中的二氧化碳汽泡，卻讓酒喝起來非常的甜美爽口。由於她的口感清新，果香明顯，帶甜，我會選她當作是一支餐前酒，作為開胃使用；而一般的家居用餐，她也會是一支稱職的餐酒。這支酒也絕對適合出現在一些較為輕鬆的公司餐會或是朋友間的 KTV 聚會裡，因為她的低酒精度(7.5%)，再加上甜帶酸的汽泡口感，絕對可以縮短人與人之間的距離，會是炒熱聚會氛圍的重要推手！

喝的時候，記得冰久一點，越冰越好喝！

酒是在「家樂福」買的(20190224)

Label Keyword

Lambrusco | 葡萄品種

dell'Emilia | 義大利中部的產區

Bianco | 白

Fratelli Cella | 酒廠名

豔陽天就喝 Frizz 5.5 Verdejo

豔陽天就喝 Codornew Verdejo Frizz 5.5

夏日的艷陽天下，喝啥酒？試試這支 Codornew Verdejo Frizz 5.5 ！

這幾年，喝過了些 Verdejo 釀的葡萄酒，一直以為 Verdejo 是西班牙的原生品種，後來拜了「谷歌大神」，才知道，Verdejo 原生於北非，據傳於 11 世紀，傳入了西班牙，並於 Rueda 的葡萄酒產區被大量種植。

Verdejo 的品種呈現綠色，因此被命名為「Verdejo」，「Verde」在西班牙文中是「綠色」的意思。「Verdejo」果皮較薄，果粒大小中等，成熟較早，產量低，適合種植在貧瘠的黏土中。

Codornew Verdejo Frizz 5.5 是西班牙老酒莊，Codorniu，以 100% 的 Verdejo 所釀製的汽泡酒，特殊的是他以二次發酵的形式所釀製。所謂的二次發酵，就是類似香檳的釀製模式。他的方法是在已釀成的酒中，加入糖和酵母，然後在瓶裝的容器中，進行第二次的酒精發酵，而在發酵的過程中，所產生的二氧化碳被封在瓶中，就成為酒中的汽泡。而也因為這支汽泡酒，是以二次發酵的方式來釀製，所以呈現出來的汽泡會較為綿密，細緻，口感也相對的柔和。

試喝這支 Codornew Verdejo Frizz 5.5，由於冰的時間夠長，整個口感是冰冰涼涼，入口有著檸檬的酸味，也有著蘋果汁的香甜感，回口卻是帶著淡淡柑橘酸的風味，加上了冰的透涼的酒體，讓我覺得，這支酒，真是適合在夏日的艷陽下，喝的一支汽泡酒！

酒是在「Costco」買的。(20190224)

Label Keyword

Verdejo | 全球知名白葡萄品種

Codornew | 為 Codorniu 酒廠諧音

CHAPTER.02
白酒

你一定要認識的白葡萄品種
08 要認識 Chardonnay，就從 Chablis 開始吧
09 喝了 Chablis，再來一杯 Pouilly Fuissé
10 回味無窮的 Macon Bussières
11 車庫酒 Cartlidge Browne
12 高原上的 Chardonnay, Finca Las Palmas
13 精品酒莊 Domaine Cordier
14 甜酒酒莊的不甜白酒 G de Château Guiraud
15 波爾多式混釀 Cape Mentelle Sauvignon Blanc Semillon
16 讓你腦袋瞬間清醒的 Taltarni Sauvignon Blanc
17 餐桌上的 Woodbridge Sauvignon Blanc
18 喝酒的 50 個理由 Neleman Sauvignon Blanc
19 高酸度的 TInpot Hut Sauvignon Blanc
20 認識 Riesling 從德國開始吧
21 帶著清涼感的 Dr. Loosen Blue Slate Riesling Dry
22 有汽油味的 Petaluma Riesling
23 清爽的 Kungfu Girl Riesling
24 值得細品的奧地利 TOPF Grüner Sylvanner
25 荔枝蜂蜜香的 Gewürztraminer
26 勃根地特有的 Aligoté
27 奧地利的白葡萄明星 Grüner Veltliner
28 超不一樣的南非 Protea Pinot Grigio
29 獵人谷特有的 Semillon
30 西西里島專屬的白葡萄品種 Insolia
31 帶著青瓜香氣的 Il Poggione Moscadello di Montalcino
32 好想搭海鮮的一支酒 En la Parra
33 伊甸園中的蘋果？

你一定要認識的白葡萄品種

你一定要知道的白葡萄品種

從認識白葡萄酒的角度，Chardonnay、Sauvignon Blanc 和 Riesling 是一定要認識的白葡萄品種。因為這是你走遍全球，一定都看的到，喝的到的白葡萄品種。本文與葡萄酒筆記合作，針對這幾個品種，逐一介紹，而在後面的品飲，也記錄了這次書中的酒款。至於，其他品種，與特定產區，就留在在每一篇文章裡了！

Chardonnay 風格百變的白葡萄之后

風靡全球的葡萄酒漫畫「神之雫」，漫畫中男主角努力尋找適合搭配生蠔，酸度豐富，具有礦物風味的 Chablis。也許你不知道，這個受歡迎的不甜白酒其實就是由 100% 的 Chardonnay 釀製而成。除了法國，在新世界的加州，澳洲，智利等國家也處處見得到她的身影。而不同產區，釀法，造就了 Chardonnay 風格百變的特性。如果說 Cabernet Sauvignon 是紅葡萄之王，那 Chardonnay 被稱為白葡萄之后一點也不為過。

Chardonnay 為全球公認最好，產量豐富的白葡萄品種。容易栽種，葡萄本身沒有鮮明的風味，但卻能呈現當地的風土氣息；再加上適合在橡木桶中發酵培養，呈現不同釀酒師所期望的風味特色。形式由活潑朝氣帶汽泡的汽泡酒、新鮮溫帶水果味的不甜白酒、甚至是甜酒；酒的顏色從淡黃到深黃，香氣淡的有蘋果或柑橘香，濃的有奶油、堅果及烤吐司的香氣，口感上屬微酸且較一般白酒來的厚實。

Sauvignon Blanc 風情萬種的女演員

一個出色的女演員可以唯妙唯肖的揣摩多種角色，這一部電影可以是年輕青澀的鄰家女孩，下一個角色則飾演神祕富有異國風情的女郎，這些形容詞，都可以拿來形容 Sauvignon Blanc。在新世界，Sauvignon Blanc 有新鮮青草味，有熱帶水果的氣息；在法國羅亞爾河，則是圓潤內斂，而特殊的成熟煙燻風味，更增添了一絲神秘面貌。

Sauvignon Blanc 是世界第三大被廣泛種植的葡萄品種，原產地在法國波爾多，適合在溫帶氣候生長。帶有熱帶水果像鳳梨、葡萄柚及芒果香，也常出現青草，蘆筍等氣息，也有人形容 Sauvignon Blanc 有一股貓尿味。整體而言酸度較高，香氣濃厚，是適合在夏日飲用的不甜白酒。若在橡木桶培養，口感圓潤，有時甚至會有玉蜀黍的香氣；在不銹鋼發酵則是果味豐富，輕鬆易飲，想像一下夏日午後草園的清新，適合單飲也可搭配各式夏日沙拉前菜。

大眾情人 Riesling

Riesling 是重要的國際性白葡萄品種，原產於德國萊茵河流域。耐冷，適合大陸型氣候，屬於晚熟型的葡萄品種。Riesling 所釀製的白葡萄酒，一般多屬於帶著淡雅的花果香，擁有著酸帶甜與清爽的口感，非常適合生長在亞熱帶的台灣民眾飲用。雖然 Riesling 的酒以酸帶甜的較多，有些還會帶一些礦物（火石與汽油）的味道，但是 Riesling 也可以釀出不甜（dry）的白葡萄酒，甚至可以釀出貴腐甜白酒，雖然貴腐甜白酒甜度高，但是由於 Riesling 的酸度高，因此即使是釀出甜度高的貴腐酒，酒中的酸，仍能沖淡並平衡酒中的甜味，使的酒仍能保持清爽與順口，而不會有過於甜膩的口感。

08

要認識 Chardonnay 就從 Chablis 開始吧

要認識 Chardonnay，就從 Chablis 開始吧

（適生冷海鮮，像是生蠔，生魚片）

每次寫酒寫到著名的國際性品種 Chardonnay，就覺得一定要喝一支 Chablis，我想，這是沒辦法的事，要認識 Chardonnay，就一定要認識 Chablis。

Chablis 位於勃根地的北方，是法國重要的白葡萄酒產區，也是全球知名的葡萄酒產區。而 Chablis 的白葡萄酒，是以 100% 的 Chardonnay 所釀製而成。而 Chardonnay 又是全球最重要的白葡萄品種，幾乎每個葡萄酒產酒國，都有 Chardonnay。雖然，我喝過很多的 Chardonnay，但是 Chablis 一直是我喜歡的前幾名，也許是因為 Chablis 喝起來，較為簡單，清爽，酒體不會太重的關係吧！

對我來說：「Chablis 有著青蘋果香，有些會帶上柑橘味，口感偏酸；入口清爽，帶著一絲冷冽的感受。」Chablis 對很多酒友來說，大多都有一個印象，就是「Chablis 適合搭海鮮，尤其是生蠔」，書上也是這麼說。有趣的是，漫畫「神之雫」第三集中，其中一段特別提到了 Chablis 與生蠔的搭配。從作者的觀點，搭配生蠔的 Chablis，挑選入門款即可，越貴的，反而會將生蠔的腥味拉出。而我是認同的，因為等級過高的酒，有時反而因酒本身的口感過於複雜，而帶走了食物的原味。

想要認識 Chardonnay，就從 Chablis 開始吧！認識她之後，您只要稍具規模的餐廳，一定找的到 Chablis。到酒專買酒，只要在酒標上找到「Chablis」的字樣，而且是法國釀造的，那他就是 Chablis。

這支酒是在「iCheers」買的。(20190810)

Label Keyword

Chablis ｜法國勃根第的白葡萄酒產區

Louis Père & Fils ｜酒廠

喝了 Chablis，再來一杯 Pouilly Fuissé

喝了 Chablis，再來一杯 Pouilly Fuissé

（適清淡的中餐，像台菜、福州菜或是廣東菜）

喝了 Chablis，再來一杯 Pouilly Fuissé ！

認識了勃根地的 Chablis Chardonnay，下一個，你可以考慮認識一下勃根地 Pouilly Fuissé 的 Chardonnay。因為認識了 Pouilly Fuissé 的 Chardonnay，還可以去瞎忽悠別人，說：「勃根地的 Chardonnay，不是只有 Chablis，還有一個厲害的，叫『Pouilly Fuissé』」。

Pouilly Fuissé 是位於勃根地南邊薄酒萊上方的 Macon 產區的次產區。在 Macon 產區裡，分為三個 AOC，分別為 Macon、Macon Villages 跟五個村莊級的 AOC。而在這些所有的分級中，最有名的，就是村莊級的 Pouilly Fuissé AOC。

Pouilly Fuissé 產區的白葡萄酒，一樣是以 100% 的 Chardonnay 所釀製，但是喝起來得風格跟 Chablis 有著明顯的不同。一般 Chablis 的白葡萄酒，淡淡的花果香，喝起來的感覺是偏酸、清爽，但有著一些冷冷的味道；而 Pouilly Fuissé 的白葡萄酒，果香較明顯，喝起來較甜、較圓潤，對我來說，比較像是蘋果的香氣與甜味，是一種較為溫暖的感覺，而沒有 Chablis 冷冽的感受，也許是因為沒有明顯礦物味的關係吧！

書上說 Chablis 適合搭海鮮，也許是因為礦物味的關係，較容易襯托出海鮮的鮮與美。而我覺得 Pouilly Fuissé 適合一般的聚餐或是居家用餐，尤其是中餐，因為他清淡中帶一點蘋果的甜氣，對微甜、清淡的台菜、福州菜或是廣東菜，是一種相輔相成的組合！

酒是跟「樂活」買的。(20190204)

Label Keyword

Pouilly Fuissé ｜勃根地南邊的白葡萄酒產區

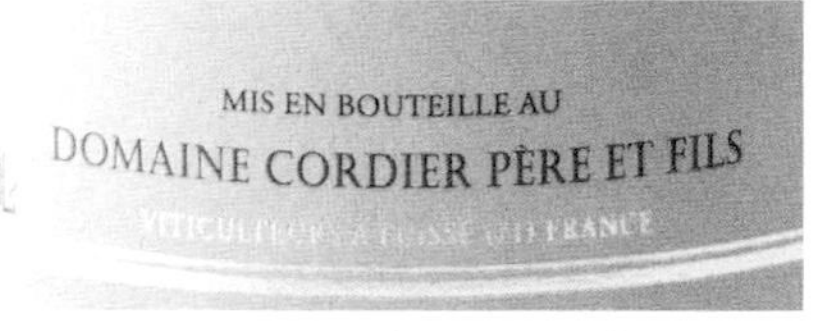

Domaine Cordier Père et Fils ｜酒莊

10 回味無窮的 Macon Bussières

回味無窮的 Macon Bussières, Les Héritiers du Comte Lafon

（想搭法式淡菜鍋）

曾經喝過 Macon Fuissé 的 Chardonnay，當看到了 Macon Bussières，不由得好奇了起來，也買了一支試試。

Macon Bussières 是位於勃根地 Macon 大產區下的一個次產區，這次認真的查了勃根地的官網，發現 Mâcon AOC 是於 1937 所創立，而在這產區酒標上的 AOC，共分三類，分別為 MÂCON、MÂCON VILLAGES，以及以 MÂCON 字首，加上各地的村莊名，像這支 Macon Bussières 以及之前喝過的 Macon Fuissé 都是屬於第三類。其他以 MÂCON 為首的，還有 Azé、Bray、Burgy、Chaintré、Chardonnay、Charnay-lès-Mâcon、Cruzille、Davayé、Igé、Loché、Lugny、Mancey、Milly-Lamartine、Montbellet、Péronne、Pierreclos、Prissé、La Roche-Vineuse、Saint-Gengoux-le-National、Solutré-Pouilly、Uchizy、Vergisson、Verzé、Vinzelles，加總共 26 個村莊。講了那麼多，該喝酒了。這支 Macon Bussières, Les Heritiers du Comte Lafon，2016 白葡萄酒，一開瓶，就聞到了明顯香蕉味，其中還參雜了礦物的香氣。酒的顏色，呈現的是淡黃色，帶點微綠；再次品了 品酒香，聞到了細細的白花香。喝一口酒，喝到了帶著微甜口感的梨子味；酒入喉後，香氣由舌頭中心向外擴散；尾韻是微澀，而酸味在口中慢慢地呈現，那是一種細細的果酸，慢慢的，這個細細的酸，一點一滴讓我的口水直流，很舒服的一種感覺。

最有趣的是，口水流完，留在口中的酸，帶出了入口後所產生的甜味，令人回味無窮！這樣的感受，會讓我想要搭上法式的淡菜鍋，那礦物味的山鮮，搭上那海的味道，想想，都會口水直流。

酒是跟「樂活」買的。(20181006)

Label Keyword

Les Héritiers du Comte Lafon ｜酒莊名

Macon Bussières ｜法國勃根地產區

11

車庫酒 Cartlidge Browne

車庫酒 Cartlidge & Browne Chardonnay

（建議搭義大利的白醬料理，像是奶油義大利麵）

聽了很多回「車庫酒」，終於不小心喝到了「車庫酒」。

何謂「車庫酒」？車庫酒源自波爾多右岸，因為在歐洲只要符合相關法令，私人也可以釀酒，也可以出售。因此會吸引許多愛酒人士，買了一小塊葡萄園，或是收購一些葡萄，在自家院裏，開始釀製葡萄酒。而這些人，通常都是在「車庫」釀酒的，所以戲稱「車庫酒」。

由於這些酒，大多數是一些有興趣或是實驗性質的酒，因此一般產量多不大，品質自然有高，有低；有大眾追捧的，也有不討喜的。

Cartlidge & Browne Chardonnay，也算是一支「車庫酒」。

Cartlidge & Browne 酒莊是由 Tony Cartlidge 與 Glen Browne 於 1980 在 Napa 的車庫裏，所創立。這個酒莊的釀酒葡萄，是 Cartlidge 從加州最南邊的 Napa Valley，Sonoma County，一直到北邊的 Mendocino 所收購回來的葡萄，以手工釀製而成。

這支酒的顏色，在杯中呈現出金黃色；聞著，有著明顯的香水味，偏向花香系的香水。入口，偏甜，有著糖霜的味道。晃了晃，飄出了醃製的果乾香，像杏桃般的果乾香；入口，不意外的，酒體濃郁，需要較濃郁的食物來搭配，而飄入腦中的是義大利的白醬料理，像是奶油義大利麵等等。

以仟元內的價格喝到了一支車庫酒，而且還不錯喝，應該是「值」吧！

酒是「酩陽」代理的。(20190101)

Label Keyword

Cartlidge & Browne｜酒莊

Chardonnay｜全球知名白葡萄品種

12

高原上的 Chardonnay, Finca Las Palmas

高原上的 Chardonnay, Trapiche Finca Las Palmas

（想搭瑪格麗特比薩濃郁的 cheese 與番茄的香甜味）

阿根廷是南美的葡萄酒消費大國。二，三十年前，很難在台灣發現阿根廷葡萄酒的蹤跡。因為當時，光阿根廷國內就不夠喝，那有機會出口外銷。直到近十幾年來，才因為國際性的投資與葡萄酒的全球化，在台灣，越來越容易發現阿根廷的葡萄酒。阿根廷的葡萄園，幾乎都在安地斯山脈上，葡萄都種植在海拔 800 到 1200 公尺的高地平原，因此有一些人把阿根廷的葡萄酒稱為「高原葡萄酒」。這支 Trapiche Finca Las Palmas Chardonnay，就是一支高原葡萄酒。

這支 Trapiche Finca Las Palmas Chardonnay，是由有著 125 年歷史的老酒廠 Trapiche，選了位於安地斯山脈，海拔 1,300 公尺的門多薩（Mendoza）烏格谷（the Uco Valley）地塊的葡萄所釀製。

這支酒的酒體，有著稻草般的黃色，酒帶著蘋果般的溫帶水果香；晃了晃，還能聞到香蕉以及礦物的味道；酒入口，先甜後酸，酒體在白酒來說，算是相對厚實。酒入喉，回口有些許的辣味，參雜了淡淡的苦韻，還有一絲絲奶油的香氣；最後，在口中，留下的是蘋果的香甜味。

也許是因為過了橡木桶產生的厚實感，我不會想單喝這支酒，但是我會想要搭配瑪格麗特比薩，因為我想用這支酒的奶香與甜味，襯出瑪格麗特比薩的濃郁 cheese 與番茄的香甜味。

酒是「泰德利」進口的。（20180928）

Label Keyword

Trapiche ｜酒莊

Finca Las Palmas ｜酒名

Chardonnay ｜全球知名白葡萄品種

13 精品酒莊 Domaine Cordier

精品酒莊 Domaine Cordier

（可以單喝的一支酒）

大品牌的酒喝多了，有時候，會想嘗試一些小酒莊的葡萄酒；因為很多新的小酒莊莊主，常常會有一些不同於一般人的理念與想法；而這些想法，不時的，會衝擊我們這些泡在酒缸裏的人；也常常會有一些不同的驚喜。Domaine Cordier Père et Fils 就是這樣的一個酒莊。

Domaine Cordier 是一個量小質精的家族產業，葡萄主要來自於 Pouilly-Fuissé 和 Saint Véran。由於是小酒莊，酒莊更專注在葡萄酒的釀製過程，從葡萄藤和枝葉的修剪、葡萄園的保護和手工採摘等等有機耕作法；以天然酵母發酵，浸泡和陳年，就是希望能保有酒莊葡萄酒的獨特性。

Domaine Cordier Père et Fils, Saint Véran, 2016 是以 100% 的 Chardonnay 所釀製，酒在杯中，呈現的是淡淡的稻草黃；輕輕晃了晃酒杯，湊上鼻子，初初，聞到的是淡淡的梨子香，是不甜的梨子清香；酒入口，有著明顯的柑橘酸；微澀，留在舌尖的是微微的澀味。隨著時間的流轉，酒，慢慢的，飄出杯口的是白花的香氣；微甜的口感，慢慢爬滿口中；此時，酒入喉後，口中留下的酸度，帶出了甜味，讓酒變的圓潤，回甘；是一支會令人回味的一支酒。是一支很適合，單喝的葡萄酒。

喝完了這支酒，覺得這酒較酸，較清新，與以前喝過不同的酒莊的 Saint Véran，有些不同；不知，是否因為莊主的理念，所以讓我有這樣的感受！

酒是跟「樂活」買的。(20190204)

Label Keyword

Domaine Cordier Père et Fils | 酒莊

Saint Véran | 勃根地的白葡萄酒產區

14 甜酒莊的不甜白酒 G de Château Guiraud

甜酒酒莊的不甜白酒 G de Château Guiraud, Blanc Sec, Bordeaux

（想搭海瓜子，炒花枝，五味九孔等台式海鮮）

蘇玳（Sauternes）是全球著名的甜白酒產區。蘇玳（Sauternes）位於波爾多南部，以甜酒著稱於世，在波爾多 1855 年列級分級制中，所有的白酒列級酒莊，分別在蘇玳（Sauternes）與 Barsac。而全球最貴的甜酒酒莊 Château d'Yquem（Premier Cru Superieur）酒，就在蘇玳（Sauternes）。

而釀製蘇玳（Sauternes）甜酒，主要的葡萄品種是 Semillon 與 Sauvignon Blanc 為主。而 Sauvignon Blanc 是釀波爾多不甜白 酒的主力，也是全球重要的白葡萄品種。Château Guiraud 也是位於蘇玳（Sauternes）產區的著名酒莊，她在 1855 年白酒列級酒莊分級制中，是僅次於特級莊（Premier Cru Superieur）Château d'Yquem 的一級莊（Premiers Crus），也是世界著名的蘇玳（Sauternes）甜酒酒莊。而 G de Château Guiraud, Bordeaux Blanc Sec 是 Château Guiraud 釀製的不甜白酒，以 50% Sauvignon Blanc 和 50% Semillon 釀製而成；跟她釀製甜酒的比例，65% Semillon 和 35% Sauvignon Blanc 有所不同。

酒所呈現的是帶微綠的淡黃色，初聞，聞到的是像青草味，淡淡的芭樂香，細細聞，還有一點點的貓尿味；酒入口，感覺有點厚實，入喉後，酒的酸度，由口中炸開；而反口，也許是酒的強度，感覺舌頭有微微辣與麻的感覺。雖然這樣，整支酒的感覺是平衡的，而且會讓你記得她的存在。喝這支酒時，跳入腦海的是炒海瓜子，炒花枝，五味九孔等等的台式海鮮，也許，下回吃飯時，拉上一支，去搭個台式海鮮去。

酒是在「台灣金醇」買的。(20180929)

Label Keyword

Château Guiraud ｜法國波爾多 知名酒莊

BORDEAUX BLANC SEC

2014

Blanc ｜白色

BORDEAUX BLANC SEC

2014

Sec ｜不甜

15 波爾多式混釀 Cape Mentelle Sauvignon Blanc Semillon

波爾多式混釀的白葡萄酒 Cape Mentelle Sauvignon Blanc Semillon

（適合沙拉，或是前菜）

這支酒，讓我回憶起早期的波爾多白葡萄酒。

現在的波爾多白葡萄酒，很多都是以 100% 的 Sauvignon Blanc 所釀製；與早期的波爾多白葡萄酒，幾乎都是以 Sauvignon Blanc 與 Semillon，兩者混釀而成，而有所不同。至於混釀比例，全憑釀酒師拿捏。

這支 Cape Mentelle Sauvignon Blanc Semillon，就是以 50% 的 Sauvignon Blanc 加上 50% 的 Semillon，以波爾多方式，混釀而成。

Cape Mentelle 酒莊，位於西澳的瑪格麗特河（Margaret River），創立於 1970 年。由於酒莊的第一個葡萄園，位於瑪格麗特河鎮區與靠海的岬角之間，因此，酒莊取名為 Cape Mentelle。瑪格麗特河葡萄酒產區，位於澳洲的極西南邊，恰好是介於印度洋與南極海洋的交接處，因此氣候上，比較澳洲其他地區較為溫和，但因為有南極洋流經過所帶來的冷空氣，因而在 60 年代，被認證為適合釀製葡萄酒的地區，隨即有葡萄酒釀製先驅進駐，而 Cape Mentelle 是最早的五個酒莊之一。

這支酒有著像菊花般的黃色，聞到的是，像檸檬般的香氣，還帶有一點點的草味；酒入口微甜；入喉後，酒的酸度擴及全口，是柑橘酸，是一種讓人感覺清爽的柑橘酸。整支酒，酸與甜的味道，同時出現，是一種平衡的美感；這讓我想起了早期的波爾多白酒。那一種平衡的美感。是一支很適合搭上沙拉，或是前菜的波爾多式混釀的白葡萄酒。

酒是在「iCheers」買的。(20190824)

Label Keyword

Cape Mentelle | 酒莊名

Sauvignon Blanc | 全球知名白葡萄品種

Semillon | 全球知名白葡萄品種

Margaret River | 西澳葡萄酒產區

16 讓你腦袋瞬間清醒的 Taltarni Sauvignon Blanc

讓你腦袋瞬間清醒的 Taltarni Sauvignon Blanc

（適合搭生蠔，白肉生魚片）

會在台灣喝 Tasmania 的葡萄酒，只因在雪梨喝了兩次，覺得他很特別，所以印象深刻；在雪梨會想喝 Tasmania 的葡萄酒，是因為在出發前，再一次拜讀了「林裕森老師」的葡萄酒全書時，熊熊的記下了 Tasmania 的地名；因此，當我在雪梨餐廳吃飯時，看到 Tasmania 葡萄酒的單杯酒，就點了；喝了之後，印象深刻；所以，所以，所以，當我在台灣看到 Tasmania 的葡萄酒時，忍不住，就，買了！

Tasmania 是位在於澳洲最南端的一個海島，氣候寒冷潮濕，又有強勁的西風，因此，在當地，葡萄的種植不易；相對於澳洲本土，大片，大片的葡萄田，Tasmania 島上的葡萄田，都是小型的，面積都不大。Taltarni T-Series Sauvignon Blanc 2016，不是以 100% Tasmania 的 Sauvignon Blanc 所釀製，卻是選了 Pyrenees Victoria 與 Tasmania 的 Sauvignon Blanc 一起混釀，我試著要找出兩者之間的比例，可惜，都找不到。

這支酒的顏色，是趨近透明的淡淡黃色；酒有著明顯香蕉的香氣，其中混著一些些礦油的味道；酒入口，好酸，真的好酸。這個酸像是還沒完全成熟的柑橘酸，是檸檬酸，是一種，較為清新，清淡的酸味；酒滑落口中後，留下了柑橘皮般的澀度與苦韻。

整支酒，酸度很高，酒質很乾淨，很適合搭生蠔，白肉生魚片；很適合在夏天的艷陽下，喝這支酒；因為，喝了，你的腦袋就醒了。

酒是在「iCheers」買的。(20190818)

Label Keyword

Taltarni | 酒莊

T-Series | T 系列

Victoria | 澳洲葡萄酒產區

Tasmania | 澳洲葡萄酒產區

Sauvignon Blanc | 全球知名白葡萄品種

17 餐桌上的 Woodbridge Sauvignon Blanc

餐桌上的 Woodbridge Sauvignon Blanc

（建議搭沙拉，三明治，吃個清淡的夏日早午餐）

下這個標，只因這酒喝起來簡單，好搭菜，如易入口，也許這才是釀製葡萄酒的初衷吧！

Woodbridge，十幾年前，很容易在餐廳裡看到，這幾年，倒是少見，也許是這些年，在台灣，喝葡萄酒的風氣越來越盛，酒進口的品項，越來越多，所以被淹沒了吧！

提到 Woodbridge，不得不提到他的創辦人，Robert Mondavi。Robert Mondavi 是美國的知名葡萄酒人士，他以自己為名，創辦了 Robert Mondavi 酒莊，他對美國葡萄酒界，最重要的貢獻是將現代化的科學技術，導入在自身的葡萄酒事業，更與加州州立大學的葡萄栽培科技密切合作，研習最新的葡萄酒釀造技術與技巧，被美國葡萄酒界，稱為「美國的葡萄酒教父」，如果你聽過 Opus One，Opus one 就是由 Robert Mondavi 與法國五大的木桐堡一起合作的。

而 Woodbridge 是 Robert Mondavi 於 1979 年所設立的另一個葡萄園。而這個酒莊的訴求，著重於果香，釀製的點，是釀出適合每一天喝的葡萄酒。

說了一堆廢話，該喝酒了！

這支酒的顏色，呈現出淡黃帶綠的色澤；聞著，有青草的味道，比較特別是有蘆筍的味道；酒入口，不酸帶甜味，酒體屬輕盈，沒壓力，好入口；入喉後，回口是像梨子般的溫帶水果甜；很適合在夏日中午，搭個沙拉，搭個三明治，吃個清淡的夏日早午餐（brunch）。

酒是「星坊」代理的（20190310）

Label Keyword

Sauvignon Blanc ｜全球知名白葡萄品種

Woodbridge ｜酒莊

18 喝酒的 50 個理由 Neleman Sauvignon Blanc

喝酒的 50 個理由 Neleman Sauvignon Blanc

還在找理由喝酒嗎？

Neleman 酒莊幫你找了 50 個開瓶喝酒的理由，酷吧！

Neleman 酒莊，來自西班牙的瓦倫希亞的有機葡萄酒。酒莊強調天然，強調環保，更有趣他還有用紙包的單杯酒，不知有沒有人進口，好想試一下。

酒莊主人來自荷蘭，叫做 Derrick Neleman，他對有機農法與葡萄酒行銷有著不同於傳統的創意，他翻轉了傳統葡萄酒的行銷，將更多的故事與樂趣帶入葡萄酒世界，這支 50 個開瓶喝酒的理由，是一個很有意思的創意。

Neleman Sauvignon Blanc 是選用瓦倫希亞的 Sauvignon Blanc 所釀製的白葡萄酒。瓦倫希亞產區位於西班牙東南部的地中海沿岸，是西班牙海鮮飯（Paella）的發源地，因離海較近，氣候也較為和緩涼爽，造就了清爽柔和的葡萄酒風格。酒莊位於海拔 900 公尺，高海拔使的葡萄能有較長時間的日照以平衡葡萄酸度。酒莊從種植到生產裝瓶皆遵循有機的中心理念，並通過歐盟的有機官方認證。

這支酒，酒體呈現出較深的稻草黃，酒有著淡淡的檸檬酸，白桃香，香氣並不明顯；輕啜一口，酒體帶甜，有些許的瓜甜味；回口，感受很淡很淡的柑橘酸。整支酒，不知是否是有機酒的關係，感覺整體，都較一般的 Sauvignon Blanc 來的淡一些；整支酒，覺得搭上一般的生菜沙拉，應該是 OK 的吧。

酒在「iCheers」找的。(20190805)

Label Keyword

50 Reasons | 酒名

19

高酸度的 Tinpot Hut Sauvignon Blanc

高酸度的 Tinpot Hut Sauvignon Blanc

（適合生菜沙拉，生魚片）

標題下「高酸度的 Sauvignon Blanc」，只因為，第一次喝到這麼酸的 Sauvignon Blanc。

印象中的 Sauvignon Blanc，通常是帶著草味，中度酒體；入口後，是微甜，帶點酸度的白葡萄酒。

而喝過很多的紐西蘭 Sauvignon Blanc，尤其是 Marlborough 產區，最常出現的是芭樂香，有些是百香果味，而入口是清爽中帶酸度，回口是回甘的尾韻。

而喝了由「醴酩」代理，來自 Marlborough 產區，由 Tinpot Hut 酒廠釀製的 Sauvignon Blanc，喝到的卻是，我目前為止，喝到最酸的 Sauvignon Blanc 了。她的酸，不是熟悉的百香果酸，反而是像檸檬一樣的酸，酸的讓人流口水的酸，也許是因為純水果的酸度，你會覺得口水一直流，一直流；而回口，卻是因為酸過頭，口中產生了回甘的口感，很有特色的一支酒！

當然，夏日中午，在生菜沙拉的酌料中，拿她取代檸檬汁，除了酸之外，又多了些酒香，應該也是一個很好的嘗試。或者是，在夏日晚間，吃吃生魚片，搭了這支好酒，必定更能襯出生魚肉的鮮與美！

回頭查了查資料，發現她的產區是屬於 Marlborough 下的次產區 Blind River（Under Awatere），也許這是一種風土的沿伸吧！

這支酒，非常適合在 36 度，38 度的大熱天，在傍晚時分，喝上一杯冰透了的 Tinpot Hut Sauvignon Blanc，絕對是一個絕佳的解暑飲品！

酒是「醴酩」代理(20180520)。

Label Keyword

TINPOT HUT

Tinpot Hut ｜酒莊

2017
MARLBOROUGH
SAUVIGNON BLANC

Marlborough ｜紐西蘭著名的 Sauvignon Blanc 白葡萄酒產區

MARLBOROUGH
SAUVIGNON BLANC

Sauvignon Blanc ｜全球知名白葡萄品種

20 認識 Riesling 從德國開始吧

認識 Riesling，從德國開始吧！

Selbach Riesling（建議搭上水果，一起解暑）

Riesling，也是一個知名的德國品種，從認識白葡萄品種的角度，我會認為是第三個重要的國際品種。

Riesling，原產於德國萊茵河畔，屬於細緻，細膩的品種。Riesling 耐冷，適合種在大陸型氣候。Riesling 釀的酒，特性明顯，通常帶有白花香，水果味與礦物味，尤其是火石或是汽油味，常常會出現在 Riesling 為原料，所釀製的白葡萄酒裏。

Riesling 在世界各地，種植普遍，以德國萊茵河畔最為著名，其他像是 Mosel 、Alsace，另外奧地利，東歐，烏克蘭都有。新世界，像是美國，澳洲，紐西蘭，都可以發現她的蹤跡。

Selbach Riesling 2017 是由來自 Mosel 產區的 Selbach 酒莊所釀製。

Selbach 酒莊位於德國摩賽爾（Mosel）產區，是 Mosel 最心臟地帶的酒廠。家族釀酒歷史超過 400 年，酒莊擁有 20 公頃葡萄園，園內種植 98% 的麗絲玲（Riesling）和 2% 的白皮諾（Pinot Blanc），平均樹齡約 55 年。

Selbach Riesling 2017 是屬於酒莊 Riesling 白葡萄酒的入門款。

Selbach Riesling 的酒色偏黃，有點像是稻草的顏色；酒入口的第一個感覺，就是甜，是我第一次接觸德國酒的味道；隨著甜甜的口感之後，酒帶出淡淡的酸度，這個酸，平衡了酒的甜味；酒有著白花的香氣，有著檸檬的味道，還帶了點涼涼的礦物味，是一支很容易入口的白葡萄酒；很適合夏日午後，冰個透透涼涼，搭上芒果，西瓜，一起解暑的一支白葡萄酒。

酒是「星坊」進口的。(20190825)

Label Keyword

Selbach | 德國酒莊

RIESLING

Riesling | 全球知名白葡萄品種

21 帶著清涼感的 Dr. Loosen Blue Slate Riesling Dry

帶著清涼感的 Dr. Loosen Blue Slate Riesling Dry

（適合單飲，或搭生魚片）

談到葡萄酒的礦石香氣時，最常被提到的就是 Burgundy 的 Chablis。到底什麼是礦石香氣？我覺得神之雫第二集裏面的描述最簡單，礦石香就是打火石的味道。

打火石是什麼味道？記憶中的火石味，是小時候頑皮，曾經用過舌頭舔過打火石。舔打火石的感覺是什麼？打火石，摸起來的觸感較一般的石頭來的光滑些，但卻不是完全平整的；用舌頭舔時，你會感覺到有點金屬的感覺，但是卻不會像是在舔金屬（湯匙）時，那種生冷的感覺，反而感受到是透過石頭材質所傳遞的涼意；那種涼涼的感覺，有點像是我們在炎炎的夏日裡，用手觸摸著室內大理石時，那種溫差所造成的涼爽感受。

在 Chablis 的酒款中，確實能夠找到擁有打火石清涼感的酒款，但是我覺得在我喝酒的記憶中，最能表現打火石的清涼感受，是來自 Dr. Loosen 的 Riesling Dry Blue Slate。

Dr. Loosen 的 Riesling Dry Blue Slate 是選用生長在 Mosel 藍板岩土壤上的 Riesling，所釀製成的不甜白葡萄酒。這酒的清涼感非常明顯，當酒一入口，你會感受到 Riesling 酸後微甜的尾勁，在此同時，你更會感受到在舌尖上，有著清涼的感覺，那個感覺，就很像是你用舌頭舔著打火石的清涼感覺。

如果，你想試試神之雫第二集裏所說的礦物味，有空，不妨買一支 Dr. Loosen 的 Riesling Dry Blue Slate 試一下。

酒是在「台灣金醇」買的（20190316）

Label Keyword

Dr. Loosen | 酒莊

Blue Slate | 藍板岩

Riesling | 全球知名白葡萄品種

Dry | 不甜

22 有汽油味的 Petaluma Riesling

有汽油味的 Petaluma Riesling

（適生魚片，握壽司）

汽油味？是的，汽油味！

可能對很多人來說，看到了汽油味，會充滿狐疑？或是不敢相信，葡萄酒裏有汽油味！是的，它真的存在，只是多數人不願意相信，也許只因為汽油這個氣味，在我們實際的生活當中，就是一個不怎麼討人喜歡的味道！

但是，有汽油味，就不好嗎？我想是見仁見智，像我就不愛喝艾雷島的威士忌，但是，卻是很多威士忌迷的最愛，所以呢？

第一次在葡萄酒裏發現汽油味，是十多年前，在飛往美國飛機上喝到的加州 Chardonnay，在那當下，是充滿著狐疑，也不願意相信；雖然當時已經讀了很多的資料，但是心裡總覺得過不去，總覺得「汽油」代表的就是臭臭的油味，當下心裏一直不是滋味。後來，經驗多了，慢慢的可以體會，汽油味是礦物味的一種，也是一種氣味。而在多年的經驗裏，淡淡的油味與酒精的混合，有時更能襯出酒的一些香氣；當然，酒的汽油味不能過重，否則會蓋過酒中，一些較纖細氣味。

Petaluma Hanlin Hill Riesling 的汽油味，讓我印象最深刻。喝的當天，一開瓶，就強烈感受到濃郁的「汽油味」；喝入口，感受是「滿口的汽油」，是讓我覺得不愉悅的感覺，但是酒醒了 20 分鐘之後，油味散去，她的礦物味，反而是令我感到驚艷！

想要有這樣反差大的經驗嗎？喝一次就知道了。

酒是在「長榮桂冠」進口的。(20180619)

Label Keyword

PETALUMA
HANLIN HILL
2016 RIESLING

Petaluma | 酒莊

HANLIN HILL
2016 RIESLING
CLARE VALLEY

Riesling | 全球知名白葡萄品種

Clare Valley | 澳洲葡萄酒產區

23
清爽的 Kungfu Girl Riesling

清爽的 Kungfu Girl Riesling, Washington State

（酒微甜，適合泰國菜或微辣的川菜）

先吸引我的是這個酒標上的功夫女孩；而讓我下手買這支酒，是因為酒標上的 Washington State（美國華盛頓州）。第一次喝華盛頓州的 Riesling，應該是 10 幾年前，Jeff 介紹我喝的 L'Ecole N° 41。當時，會想嘗試，是因為他是 Washington State 的 Riesling，在那時，我喝的 Riesling，幾乎都是德國的 Riesling，能有機會嘗試不同產區的 Riesling，當然要試。不過，當時記憶，已經有些模糊，只記得，L'Ecole N° 41 的 Riesling，沒有德國的濃郁，礦石味也沒那麼重。

多年之後，又看到了華盛頓州的 Riesling，雖然不是 L'Ecole N° 41，雖然她叫 Kungfu Girl，但還是想回味一下華盛頓州的 Riesling。所以，買了，開了，喝了！

這支酒的顏色，屬於偏淡的黃色，在燈光的照射下，倒是有點像是白銅的顏色；輕輕拿起酒杯，靠近鼻頭，聞到的是柑橘味；輕輕搖了搖酒杯，入口前，聞到的是帶著酸味的檸檬香。酒入口，先酸後甜；雖然，我覺得偏酸了點，但是，酸與甜的比例，感覺卻還是平衡的，很容易入口。而酒入喉後，酒的回甘，會讓我再想多喝一口。

與印象中的德國 Riesling 比起來，這支酒，相對較淡，也聞不到明顯的礦物味。但是，口感屬清爽，是一支容易入口的白酒。

在這樣炎炎夏日裡，在酷暑的傍晚，Happy Hour 的時刻，喝上了冰透的一杯 Kungfu Girl Riesling，該是多麼暢快的一件事啊！

酒是在「Costco」買的。(20180619)

Label Keyword

Kungfu Girl ｜酒名

2017
WASHINGTON STATE

Washington State ｜美國葡萄酒產區

Riesling ｜全球知名白葡萄品種

24 值得細品的奧地利 TOPF Grüner Sylvaner

值得細品的奧地利 TOPF Grüner Sylvaner, Strass im Strassertal, Niederösterreich

（酒適合單喝，或是台式的海鮮熱炒）

我認識 Sylvaner，也知道 Sylvaner 主要種植於法國的阿爾薩斯與德國，而我也都喝過阿爾薩斯與德國的 Sylvaner。第一次喝 Grüner Sylvaner 是在興華酒藏的品酒會上，印象深刻。而一直以為 Grüner Sylvaner 與 Sylvaner 是系出同門的不同品種，後來拜了拜谷歌大神，才發現是同品種，Grüner Sylvaner 是正式的名稱。在法國叫 Sylvaner，而在德國稱為 Silvaner。

Sylvaner 源自奧地利，是一個古老的葡萄品種，根據奧地利的 DNA 檢測（DNA Profiling）證實 Sylvaner 是「Traminer」及「Österreichisch Weiß」的後代。

TOPF Grüner Sylvaner 的酒，呈現的是帶黃的稻草色；入口的第一個感受，就是酸，酸的讓人口水直流，意外的是不刺激，是一種天然的果酸，很舒服；酒初嚐，有著淡淡的檸檬香，又帶著淡淡的礦物味；也許酒醒了，再品，聞到了滋潤的木頭香，白花香，口中嚐到了蘋果甜，收尾在舌面有淡淡的刺激感，細細的單寧澀，充滿口中。回味後是新鮮的橘皮澀，長且持久的尾韻，留在口中，值得細細品味。

這支酒與喝過的德國萊茵河畔的 Silvaner 與阿爾薩斯 Sylvaner，有著明顯的不同。記憶中德國萊茵河畔的 Silvaner 顏色較淡，酒體較輕，口感上較輕薄；而阿爾薩斯的 Sylvaner，顏色偏黃，酒體微甜，喝起來較圓潤；而三種中，我最喜歡 TOPF Grüner Sylvaner，也許是他較為偏酸的清新感，是我喜歡的味道吧！

酒是「興華酒藏」代理的。(20181216)

Label Keyword

TOPF ｜酒莊

Grüner Sylvaner ｜全球知名白葡萄品種

Niederösterreich ｜奧地利的葡萄酒產區

25 荔枝蜂蜜香的 Gewürztraminer

荔枝蜂蜜香的 Mastri Vernacoli Gewürztraminer, Trentino

（酒香氣濃郁，適合香氣多元的泰國菜）

Gewürztraminer 是我很喜歡用來吸引葡萄酒新鮮人的一個白葡萄品種，因為她很香，很容易吸引一般人對葡萄酒的興趣。

Gewürztraminer 的名字挺難記的，但是卻有獨特香氣，因此命名還以德文香料的字首 gewurz 為名。雖然 Gewürztraminer 是用來釀製白葡萄酒，但是她的葡萄皮呈現的卻是「粉紅色」，所以她所釀的白葡萄酒顏色，通常較深且偏黃；香氣上有著明顯的荔枝、玫瑰或蜂蜜香；有趣的是，這酒聞起來甜，但是喝起來卻有著不甜的口感；入口後，味道不酸不澀，與一般白葡萄酒的口感不同；有些還會帶了點微微的辛辣味，是一支非常有特色的酒。

過去喝的 Gewürztraminer，以阿爾薩斯的居多，當然也喝過澳洲與美國奧瑞岡州的 Gewürztraminer，而這次喝到的是義大利的 Gewürztraminer，算是一次新體驗吧！

這支 Mastri Vernacoli Gewürztraminer，來自北義的 Trentino DOC 產區。酒的香氣，一如熟悉的荔枝香，蜂蜜香，還帶有一點濃郁的香水百合；入口，不酸，不澀，酒體稍微重了點，微甜，一支好入口的酒。整支酒的感覺，不論香氣或口感。都覺得比阿爾薩斯的 Gewürztraminer，來的清淡些，輕柔些。

喝這支酒的當天，是在「Herbivore Vegan」餐廳搭配著沙拉酪梨草莓醬與芝麻葉，烤孢子甘藍，季節烤蔬菜藜麥沙拉一起吃的，感覺挺好，也許就是因為她的微甜，更容易襯出這些蔬菜的甜美吧！

酒是在「Herbivore Vegan」喝到的。(20180820)

Label Keyword

Gewürztraminer ｜葡萄品種

Trentino ｜義大利的葡萄酒產區

Mastri Vernacoli ｜酒莊

26 勃根地特有的 Aligoté

勃根地特有的白葡萄酒 Aligoté

Domaine Robert Sirugue, Bourgogne Aligoté

（建議炙燒過的海鮮）

第一次喝 Aligoté，是 9 年前，在「圓頂市集」，是 Patrick 找了一支讓我試的，不過太久了，沒啥印象。

印象最深刻的是 5 年前，人稱勃根地酒神 Henri Jayer 外甥釀的 Emmanuel Rouget Bourgogne Aligoté 2008，那天喝到的是驚艷，從沒想過，酒的酸度，可以那麼漂亮。從那後，開始關注 Aligoté，才發現，要把 Aligoté 釀的好喝，還真不容易。

Aligoté 是被種植在勃根地平原區最普遍的葡萄，由於釀出的酒過於清淡，因此過去並不被重視，直到 1937 年，Bourgogne Aligoté AOC 才正式成立。在台灣市場，Aligoté 並不太多，但是，還是碰的到。

Domaine Robert Sirugue, Aligoté 是酒莊 Domaine Robert Sirugue 釀製的。酒莊在全球最貴酒莊 DRC 的 La Tache 特級園的對面。自 19 世紀以來，已經有百年的歷史。而酒莊的旗艦酒款 Grand Echezeaux 更被漫畫「神之雫」選為第 10 使徒，在世界取得了莫大的名聲。

Domaine Robert Sirugue, Aligoté ，當然是以 Aligoté 所釀製的白葡萄酒。酒瓶一開，釋放出淡淡的清柔白花香；酒，淡淡黃色；入口的感受，有酸度，但是不強烈，像是一種不會刺激您感官的溫柔酸；入喉後，留下的是檸檬的餘韻，緊接著是由舌尖向後擴散的細細單寧，長且持久。

相較於之前喝過 Bouzeron 產區的 Aligoté，這支酒較為溫潤，柔順，我想搭上燒炙過的比目魚生魚片，應該會是絕配吧！

這支酒是在「長榮桂冠」發現的。(20190316)

Label Keyword

Bourgogne | 法國的勃根地產區

Aligoté | 勃根地特有的白葡萄品種

Domaine Robert Sirugue | 酒莊

27 奧地利的白葡萄明星 Grüner Veltliner

奧地利的白葡萄明星 Grüner Veltliner
Hirschvergnügen Grüner Veltliner

（適沙拉，白魚生魚片，清蒸海鮮）

提到奧地利酒，我猜很多人聯想到的是在百貨公司裡，奧地利葡萄酒專櫃的甜白酒，像是貴腐精選 Beerenauslese（簡稱 BA）、冰酒 Eiswein 與晚摘葡萄精選 Trockenbeerenauslese（簡稱 TBA）等等。但是，這幾年，奧地利葡萄酒的能見度越來越高，越來越多的地方看的到奧地利酒。而這些裡面，我想最耀眼的應該是奧地利的白葡萄明星 Grüner Veltliner。

Grüner Veltliner 是奧地利最重要的當地白葡萄品種，近幾年受到國際的矚目，尤其在 2002 年，英國兩位葡萄酒大師(Master of Wine)Jancis Robinson 和 Tim Atkin 策畫一場奧地利 Grüner Veltliner 及 Chardonnay 白葡萄酒盲飲品酒會，評比結果第一名，第二名，第四名，第六名及第七名都是 Grüner Veltliner。自此，奧地利 Grüner Veltliner 的潛力受到肯定與關注，逐漸成為葡萄酒愛好者的選擇之一。

Hirschvergnügen Grüner Veltliner 2015 是選自產區 Kamptal，以 100% 的 Grüner Veltliner 所釀製。Kamptal 是位於北奧地利 Niederösterreich 大產區下的 DAC 產區。

這支酒，有著明顯新鮮檸檬香，喝第一口，迎面而來的檸檬酸，酸度由舌面一路像後延伸，一直到下顎，酒入喉後，酸度不減，不斷的刺激口腔，進而口水留個不停；口中留下的餘味，卻是柚子的清香與清甜，很清爽的一支酒。

以這支酒的酸度，我直覺地想要將他冰個透徹，在台灣的夏日中午，搭個沙拉；或是夏日晚宴，搭上個白魚生魚片，過一個清爽的夏日！

酒是「興華酒藏」代理的。(20190317)

Label Keyword

Hirschvergnügen ｜酒莊

Grüner Veltliner ｜奧地利特有的白葡萄品種

28
超不一樣的 Protea Pinot Grigio

超不一樣的 Protea Pinot Grigio

（建議搭雞肉沙拉，凱薩沙拉）

曾經在泰德利的品酒會上，喝到了來自南非的 Pinot Grigio 白葡萄酒，當下的感覺是驚艷！驚艷的原因在於他的酸度。怎說？在原產地，北義的 Pinot Grigio，喝起來，通常呈現的是鮮草的味道，酒不太重，微酸澀，回口，有些還有點苦韻。而喝到了加州的 Pinot Grigio，印象中，酒體較渾厚，酒精感較重，有著淡淡的梨子香，帶點甜，微澀。而這次喝到了南非的 Protea Pinot Grigio，一入口，明顯的柑橘酸，瞬間，把腦袋刺激了一下，尤其是試酒的當天，是一個艷陽天的下午，當喝了一口，冰了透涼的 Protea Pinot Grigio，瞬間讓我清醒了不少。

前幾天，約了朋友到新光三越 A4 的 B2 超市，又看到了 Protea Pinot Grigio，決定再喝一次。

這回細細的品味，酒呈現的是淡黃中，帶微綠，讓我想起了最近吃到了綠色香瓜的淡綠色；酒的香氣，也有點像是新鮮的大黃瓜，或是新鮮的香瓜味；酒入口，跟上回喝的感覺一樣，有著明顯的柑橘味，是屬於酸的柑橘味，入口微甜，回甘。

這樣的一支酒，在超過攝氏 35，36 度的天氣裡，我最想的是將她冰透了，倒上一杯，再搭上個凱薩沙拉，就過了這麼一個逍遙的週末。

酒是「泰德利」進口的，可以在新光三越 A4 找到。(20180609)

Label Keyword

Protea ｜酒莊

Pinot Grigio ｜全球知名白葡萄品種

29 獵人谷特有的 Semillon

獵人谷特有的 Semillon
Mount Pleasant Elizabeth Semillon

（建議搭較清淡的義大利麵，像是白酒蛤蜊麵）

Semillon 是釀製波爾多著名甜酒 Sauternes 產區的主要品種。但是到了澳洲的 Hunter Valley 卻因為釀製不甜的 Semillon 白葡萄酒，而聞名於世。

Semillon 原生於波爾多，屬早熟型葡萄品種。也由於該品種皮薄，容易感染灰黴菌，因此，在波爾多知名的甜酒產區，Sauternes，將感染貴腐黴菌（Noble Rot）的 Semillon，釀製成著名的貴腐甜酒 Sauternes。

當然 Semillon 除了法國之外，也被引進到其他新世界如美國加州、華盛頓州，智利、阿根廷及南非地區，但最令人驚豔的是澳洲獵人谷產區的 Semillon 不甜白酒，年輕時，酒呈現的是檸檬，酸橙和青蘋果味道；經過陳年之後，酒卻散發出奶油，蜂蜜，乾果等香氣，更特殊的是，這些味道是在瓶中陳年所產生，並非是過了橡木桶，陳年後的香氣。

Mount Pleasant Elizabeth Semillon 2015 就是來自 Hunter Valley 的 Semillon，當然，2015 年的酒，是一支年輕的 Semillon。酒呈現的是淡黃帶綠的顏色，酒有著明顯酸柑味，橘子香；入口酸， 單寧淡，用力的吸了吸，還飄出了淡淡的礦物味。整支酒，入口微酸，收口也微酸，還有一絲絲的苦韻，很像是葡萄柚內皮的苦味。曾經喝過 2007 的年份，那就像是書上說的，陳年後的 Hunter Valley 的 Semillon，散發出的是奶油香，蜂蜜味，杏脯等香氣，令人難以忘懷。

酒是「泰德利」進口的，可以在新光三越 A4 找到。(20181007)

Label Keyword

Mount Pleasant ｜酒廠

Elizabeth ｜酒名

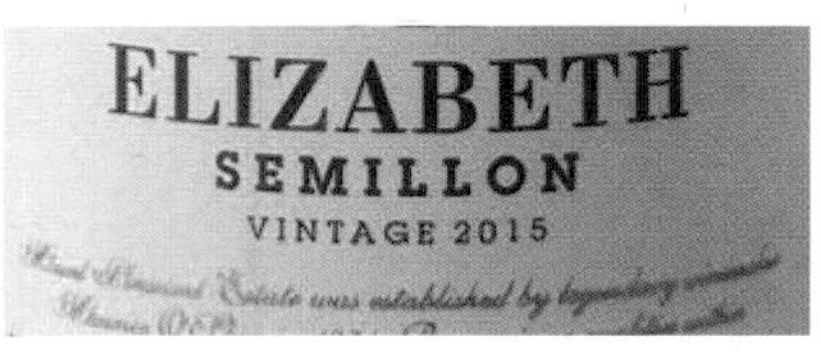

Semillon ｜波爾多的白葡萄品種

Hunter Valley ｜澳洲葡萄酒產區

30 西西里島專屬的白葡萄品種 Insolia

西西里島專屬的白葡萄酒 Insolia
Cusumano Insolia Terre Siciliane, Sicily

（建議義大利式，以橄欖油烹調的海鮮）

談到義大利西西里島，也許是電影的關係，第一個跳入我的腦袋，就是黑手黨。不過，除了黑手黨，西西里島還盛產葡萄酒，不論是紅，是白，還是粉紅酒，都有！而且近幾年來，在台灣，越來越容易發現她的蹤跡。

西西里島如同其他義大利地方的釀酒方式，都是以當地的品種為主。白葡萄品種包括 Insolia、Cattarratto；紅葡萄品種包括 Nero d'Avola、Frapatto、Nerello Mascalese。

這支 Cusumano Insolia Terre Siciliane, Sicily, 2015，即是以 100% 的 Insolia 所釀製。

Insolia 據傳是一個古老的義大利本土品種，在 16 世纪左右，Insolia 便在西西里島以及托斯卡納有所種植。一直以来，多數人認為 Insolia 起源於西西里岛，而後傳播到薩丁尼亞島（Sardine）與托斯卡納；也有另外的人，認為 Insolia 與希臘的原生種 Sideritis 和 Roditis 有著血缘關係，因此認為 Insolia 來自希臘。多年後，一份基因研究報告，發現 Insolia 與西西里島的 Grillo、弗萊帕托 Frappato 等的當地品種有一定的血缘關係，才確認 Insolia 來自於義大利西西里島，而非希臘。

Cusumano Insolia Terre Siciliane, Sicily, 2015，在杯中，所呈現出的是偏金黃色，酒有著淡淡的花香，還有些許油脂的感覺；喝上一口，酒體中等，不酸，順順的口感，感覺是一支圓潤的白葡萄酒。這樣的口感，直覺性會讓我想搭上以橄欖油為烹調方式，不論是烤魚，還是炒花枝的義式海鮮，想到這，就讓我口水流滿地。

酒是「TWS」進口的。(20190405)

Label Keyword

Cusumano ｜酒莊

Insolia ｜西西里島以的白葡萄品種

Terre Siciliane ｜西西里島的葡萄酒產區

31
帶著青瓜香氣 Il Poggione Moscadello di Montalcino

帶著青瓜香氣的 Il Poggione Moscadello di Montalcino

（建議搭生菜，水果沙拉）

喝了無數的義大利 Moscato，這支酒還是有她的特色，一支帶著青蔬香氣的 Moscato。在台灣市場上，一般常見的 Moscato 所釀製的葡萄酒，大約有三種；最常見的是以帶有甜味、且以微微的汽泡感（又稱作 frizzante）所呈現的，最具代表性的是 Moscato d'Asti；而第二種，則是汽泡酒所呈現，以 Asti 最常見；而最後一種，就是以 Moscato 所釀製的甜葡萄酒，像美國，澳洲等等，很多國家都有釀製。Il Poggione Moscadello di Montalcino 是屬於的第一類，帶微汽泡的葡萄酒。但是，產區 Moscadello di Montalcino 卻是位於中義的托斯卡尼，而非我們所熟悉北義的 Piemonte 產區。酒標上的 Moscadello 是代表著白葡萄，是 Moscato 葡萄的近親，相傳 Montalcino 產區的 Moscadello 是從文藝復興時代開始種植的，遺憾的是，當時的 Moscadello 於根芽菌時期，全部摧毀，直到 20 世紀，才將 Piemonte 的 Moscato Bianco 重新移植到這個古老的產區，Montalcino 於 1984 正式成立 DOC 產區（Denominazione di origine controllata），Moscadello di Montalcino。故事說完，該喝酒了！

這支酒，顏色偏稻草黃，聞著，有著 Moscato 獨特的蜜桃香，但是不像一般 Moscato 那麼香，特殊的是，她有著青瓜（大黃瓜）的氣味，很特別；口感一如印象中，是香甜的，但又帶著一些些蘆筍的味道，很特別的一支酒。

這酒的特殊性，讓我頭疼了一下，也許夏天時，搭個生菜，水果沙拉，會是一個不錯的選擇。

這酒是「長榮桂冠」代理的（20181209）

Label Keyword

Moscadello ｜白葡萄品種

Moscadello di Montalcino ｜產區

Frizzante ｜微汽泡

32 好想搭海鮮的一支酒 En la Parra

好想搭海鮮的一支酒
En la Parra, Chardonnay Muscatel, Valencia

雖然喝了些西班牙酒，最熟悉的是 Rioja、Catalonia，其他還喝過 Aragon、Navarra、Castilla Y Leon 和 Murcia。瓦倫西亞（Valencia）的葡萄酒，對我來說，卻是相對陌生的。

瓦倫西亞（Valencia）位於西班牙東海岸，加泰隆尼亞南邊，是西班牙最重要的平原區，氣候與加泰隆尼亞類似，都屬溫和乾燥多陽光的地中海型氣候，只是氣候比加泰隆尼亞更熱一些。白葡萄法定品種，絕大多數是西班牙當地品種，像是 Merseguera、Malvasía、Pedro Ximénez、Moscatel Romano、Planta Fina、Macabeo、Planta Nova、Tortosí 和 Verdil；而國際性品種，則有 Chardonnay、Sauvignon blanc 與 Sémillon。En la Parra, Chardonnay Muscatel, Valencia 是由酒莊 Bodegas Nodus 所釀製，酒莊於 1985 由 Adolfo De Las Heras Marín 買下當地重要的有機葡萄園。酒莊初創期，仍以當地品種為主，後來，才開始種植國際性品種。En la Parra, Chardonnay Muscatel, Valencia 就是 Chardonnay 與 Muscatel，以有機的方式所釀製。其中，Chardonnay 占了 60%，並混上了 40% 的 Muscatel。

酒的顏色是稻草黃中，帶些許的綠色！入口，感覺還好，不太酸，有趣的是入口後，口水卻是一直流，一直流；酒的味道，是香蕉混著萊檬的香氣，而後又帶出了蜜桃的香氣，很特別的一支酒。

這支酒會讓我想要搭上碳烤海鮮，像是烤魚，烤蝦，烤文蛤，尤其是炭烤透抽，想到這，就讓我口水直流；夏天快到了，一定要來搭一次，再次回味，這支酒的特色與美好！

酒是「TWS」進口的。

Label Keyword

En la Parra ｜酒名

33 伊甸園中的蘋果？

伊甸園中的蘋果？
Domaine Pierre Luneau-Papin Muscadet Sevre-et-Maine Sur Lie Le Verger, Loire, France

（適合清淡的海鮮，生蠔或是白肉料理）

這支酒，跟印象中的類似，酸，清淡，易入口，適合清淡的海鮮，生蠔！

這支酒產自羅亞爾河的南特（Nates）產區。南特靠近羅亞爾河出海口，地勢低平緩和，以生產 Muscadet 白葡萄酒聞名。這產區的 Muscadet 白葡萄，酸度高，口味清淡，常帶著新鮮的水果香，有些還有清涼的礦物味，通常不耐久放。是法國最常用來搭配生蠔與海鮮冷盤的日常不甜白酒。在這些酒當中，有些會在酒標上放著「Sur Lie」的字眼，「Sur Lie」等級的白葡萄酒，是在酒發酵完成後，讓死掉的酵母和葡萄酒繼續浸泡，當酵母水解後，會讓酒的口感較圓潤厚實。而南特（Nates）的產區共分為四個法定產區，Muscadet Serve et Maine、Muscadet、Muscadet de la Loire 和 Muscadet Cotes de Gralieu. Domaine Pierre Luneau-Papin Muscadet Sevre-et-Maine Sur Lie Le Verger，Muscadet Serve et Maine.

這支酒打開，倒入杯中，它的顏色，呈現的是萊姆黃中帶著青綠；將酒靠近鼻頭，飄出的，是淡淡的白花香，緊接著是一股淡淡的礦物味；入口，是柑橘酸，是可以一口接一口的清爽感，是一支可以不需搭配食物，就一直喝的白葡萄酒。

比較有意思的是，酒標上是亞當與夏娃在伊甸園中，夏娃拿著蘋果，而毒蛇在樹上對著夏娃，不知酒莊，想傳遞的，是不是這酒，就像伊甸園中的蘋果一般，是如此之誘人與青澀？

酒是「TWS」進口的。（20190206）

Label Keyword

Le Verger ｜酒名

Muscadet Serve et Maine ｜法國羅亞爾河產區

Pierre Luneau-Papin ｜酒莊

CHAPTER.03
粉紅酒

輕鬆浪漫粉紅酒
34 粉紅酒，就是要普羅旺斯 Triennes Rosé
35 夏夜裡的燒烤餐酒 Girofle Rosé
36 紐西蘭粉紅酒 Kim Crawford Rosé
37 北義粉紅酒 Rosa del Masi
38 少見的西班牙 Rioja 粉紅酒 Viña Real, Rosado

輕鬆浪漫粉紅酒

粉紅酒

粉紅酒？

在葡萄酒界裡，說的粉紅酒，跟一般台灣民眾熟知的菸酒公賣局玫瑰紅是不一樣的！

玫瑰粉紅酒起源自十九世紀的波爾多，雖然現今波爾多是以濃郁醇厚的紅葡萄酒風靡全球，但粉紅酒獨樹一幟的風格流傳至今。

在葡萄酒界裡，只要是紅葡萄酒（Red Wine），酒色沒有很紅就是玫瑰粉紅酒（Rosé Wine），這種粉色的酒和紅酒的葡萄品種相同，只是製法不同。

粉紅酒的顏色，主要來自紅葡萄的葡萄皮，顏色深淺取決於果皮在釀酒過程中，浸泡時間的長短。浸泡時間越長，顏色越深，浸泡時間越短，顏色越淡。

現今粉紅酒最知名產區在法國南部，以普羅旺斯最為著名。主要的釀酒品種，以地中海沿岸的各地品種為主，像是 Grenache、Carigna、Mourvedre、Cinsault 和 Syrah 等。

一般粉紅酒，都會以不同品種，相互調和作出清爽易飲的不甜粉紅酒。而且幾乎紅葡萄品種皆可以拿來做粉紅酒。大多數的粉紅酒都建議新鮮飲用，最好在出品後一年飲用完畢。

34 粉紅酒，就是要普羅旺斯 Triennes Rosé

粉紅酒，就是要普羅旺斯 Triennes Rosé

（適合三明治，白肉料理）

每次談到粉紅酒，第一個跳入腦袋的，就是普羅旺斯的粉紅酒。

普羅旺斯位於法國東南部的地中海岸邊，有典型乾熱的地中海氣候與高低的石灰岩地形。溫和的天氣，常常吸引觀光客，不知是否如此，年輕新鮮，清涼止渴的粉紅酒，在典型乾熱的地中海氣候裡，變成了普羅旺斯的招牌酒。

也許是因為在溫暖的天氣裡，喝了一杯冰鎮後的粉紅酒，可以令人腦袋清醒；那種清爽感，讓人覺得舒服。若是在野餐上。搭上了沙拉，三明治，可以讓你的味蕾更清爽，更細膩。

而粉紅酒之所以呈現出粉紅色，是因為在釀製過程中，將紅葡萄皮放置酒液中，在一定的時間後，將葡萄皮取出，以呈現出粉紅色的效果。

Triennes Rosé 2018 就是這樣的一支酒。

Triennes Rosé 2018 以 Cinsault, Merlot 與 Syrah 一起混釀而成。

這支酒，有著迷人的粉紅玫瑰的顏色，輕啜一口，微微汽泡，在口中釋放；些許的礦物味，在口中散開；帶出的，是清爽的感覺；酒體微辣，平均分布口中，不強烈；後韻持久。

喝酒時，搭的是口水雞，酒將菜的辣度提高，但卻帶出了甜甜的尾韻，一種奇妙的感覺。也許，粉紅酒，也適合川菜。

酒是在「iCheers」買的。(20190828)

Label Keyword

Triennes ｜酒莊

35 夏夜裡的燒烤餐酒 Girofle Rosé

夏夜裡的燒烤餐酒
Girofle Rosé, Garofano, Salento IGP Negroamaro

（適合夏日的海鮮燒烤）

Girofle Rosé, Garofano, Salento IGP Negroamaro 是來自義大利知名產區南部 Puglia 裏的 IGP 產區 Salento。酒標上的 Negroamaro 是葡萄品種。Salento IGP 位於義大利南部知名產區的 Puglia，最好的 Negroamaro 紅葡萄酒，就產自 Salento ，因為這裡有溫暖的地中海型氣候，但是降雨量不多，卻能讓耐乾旱的 Negroamaro 葡萄，得到充分的成熟。

Negroamaro 至今已經存在有 1500 的歷史。她的葡萄皮顏色偏深，香氣偏黑色莓果；土壤、藥草、香料味為輔；她的單寧偏向厚實。在 Puglia 產區中，常與 Primitivo、Malvasia Nera、Sangiovese or Montepulciano 等等紅葡萄一起混釀製酒。

Negroamaro 的來源有兩種說法：

第一種，Negroamaro 如同字義 Negroa（黑）、amaro（苦），說明此品種深色的葡萄皮與鹹味，而字尾 amaro 並非指真正的「苦味」，而是指「鹹味」或「非果類」的風味。

第二種，Negroamaro 以拉丁、希臘文翻譯，意為「深黑」。

只是這回，我們喝的是以 Negroamaro 所釀製的粉紅酒，而且是以 100% Negroamaro 所釀製的粉紅酒。

這支酒，酒的顏色，有著迷人的鮭魚紅；輕輕晃了晃，新鮮的莓果香飄出酒杯；入口，酒體不重，應該說偏輕盈；酒，微甜，圓潤，很容易入口。很適合在夏夜裡，吃著燒烤，搭個海鮮，喝上一杯的餐酒！

酒是在「沛盈酒窖」找的。(20190623)

Label Keyword

Girofle ｜酒莊

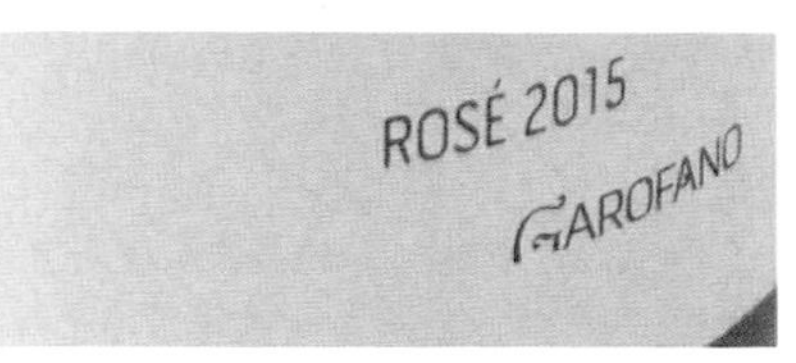

Garofano ｜釀酒師

Salento IGP ｜義大利南方葡萄酒產區

Negroamaro ｜義大利南方紅葡萄品種

36 紐西蘭粉紅酒 Kim Crawford Rosé

紐西蘭粉紅酒 Kim Crawford Rosé, Hawke's Bay

（建議搭配一般台菜，福州菜，粵菜）

喝過了粉多的紐西蘭 Sauvignon Blanc, Pinot Noir，但喝的都是白葡萄酒，紅葡萄酒。但是很少看到紐西蘭的粉紅酒。

Kim Crawford Rosé, 2016, 是選自北島的 Hawke's Bay 的紅葡萄所釀製。Hawke's Bay 是紐西蘭最古老的葡萄酒產區，在紐西蘭北島的南邊，位於南緯 39.4 度。大約有八成的紐西蘭紅酒產自這區，是全紐西蘭最大的紅葡萄產區，紅葡萄品種以 Merlot、Cabernet Sauvignon 和 Syrah 為主。

原先想要找出這支酒的紅葡萄品種，很遺憾的官網沒有，有網站說是 Merlot，就當是吧！

酒的顏色，粉紅帶橘，有點像是葡萄柚的紅色果肉，又有點像是鮭魚紅。酒有著明顯瓜香，花香，入口帶甜，回口甘甜，整支酒，感覺很淡雅，很好入口的一支酒。

比較有趣的故事是酒莊，Kim Crawford Wines。

Kim Crawford Wines 的創始源頭，要從 1994 年的倫敦說起。創始人 Kim Crawford 夫婦在喝酒時，突發奇想的想要建立一個酒莊，但他們沒有世襲的土地，也沒有釀酒設備，只有一個想法與無窮的熱情。於是，他們從收購其他各家葡萄園的葡萄開始做起，同時借用其他酒莊的釀酒設備來釀酒。直到 2000 年，他們才正式擁有自己在紐西蘭的 Marlborough 產區的一個小巧精緻酒莊，到現在，已經是紐西蘭知名酒莊。

這個故事，聽起來是挺勵志的，不過，他的酒也是好喝，才能在國際市場上，發光發熱。

酒是「星坊」代理的(20190222)

Label Keyword

Kim Crawford ｜酒莊

Rosé ｜粉紅酒

Hawke's Bay ｜紐西蘭產區

37 北義粉紅酒 Rosa del Masi

北義粉紅酒 Rosa del Masi, Rosato Trevenezie IGT

（適清淡的海鮮，像是蒸魚，炒海瓜子等）

Masi 酒莊，是義大利北部的老酒莊，創立於 1772 年，莊名之所以叫 Masi，主要是這個酒莊的第一個葡萄園，位於瑪西山谷（Vaio dei Masi），在義大利東北方威尼斯附近的 Veneto 之內，18 世紀由 Boscaini 家族擁有，至今已超過 200 年歷史。

Masi 酒廠以阿瑪羅內（Amarone）酒款聞名，Amarone 酒體濃郁、複雜，陳年潛力絕佳！當然，我喝過 Costasera Amarone Della Valpolicella Classico DOCG。而除了 Amarone 之外，還喝過其他 Masi 酒莊的葡萄酒，像是 Levarie Soave Classico、Bonacosta Valpolicella Classico DOC、Campofiorin Rosso Del Verone，但是卻沒喝過 Masi 的粉紅酒。

Rosa del Masi 2017, Rosato Trevenezie IGT 是以 100% 的 Refosco 所釀製。

Refosco 主要生長於 Friuli、斯洛維尼亞、科羅埃西亞的紅葡萄品種。

Refosco 起源已經不得而知，但早在 1390 年的 Friuli 年報上便已有記載，曾經是羅馬帝國的首任君王－屋大維（奧古斯都）的第二任妻子 Livia 最喜歡的酒款 Pucinum 的主要釀造葡萄。Refosco 不容易釀造，但隨著釀酒技術與農藝方法的發展，Refosco dal Peduncolo 自 1980 年開始，又重新在 Friuli 產區掀起一股熱潮。屬於晚熟的品種。

Rosa del Masi 2017, Rosato Trevenezie IGT 顏色偏橘紅，有點像鮭魚紅；酒，有著明顯的柑橘味與淡淡的瓜香；入口偏酸，像柑橘，沒有苦韻；入喉後，酸甜平衡的收尾，口中留有淡淡的，麻麻的感受，很適合炎炎夏日中，將他冰個透徹，搭上個生魚片，或是台式海鮮，陪我等，度過這炎炎的夏夜！

酒是「星坊」代理的（20190630）

Label Keyword

Masi ｜酒廠

Rosa ｜粉紅酒

Rosato ｜粉紅酒

Trevenzie IGT ｜義大利產區

38 少見的西班牙 Rioja 粉紅酒 Viña Real, Rosado

少見的西班牙 Rioja 粉紅酒 Viña Real, Rosado

（建議搭配台式海鮮快炒）

喝過蠻多 Rioja 的紅葡萄酒，倒是很少喝到 Rioja 的粉紅酒。Rioja 是西班牙著名的紅葡萄酒產區，位於西班牙的北部，紅葡萄酒以 Tempranillo 為主，酒質細膩，適合久藏。而 Rioja 的粉紅酒如何？倒是不知，要喝了才知道。

Viña Real, Rosado 2016 是來自 Rioja Alavesa。Rioja Alavesa 是 Rioja 下三個次產區，最小的一個，也是最北面的一個。他位於 Ebro 河的北面與僻鄰西南的 Rioja Alat 與東南 Rioja Oriental 的兩個次產區。由於靠近大西洋的外圍，因此會受到大西洋的洋流影響。Rioja Alavesa 以紅葡萄酒為主，紅葡萄品種以 Tempranillo 為主，其他還有 Garnacha、Mazuelo 和 Graciano；而白酒屬少量，葡萄品種以 Viura 為主，更不用說粉紅酒了。

可是，我們今天喝的是粉紅酒，以 85% Viura 混入 15% 的 Tempranillo 所釀製。

酒有著柔柔的粉紅色，很像是小嬰兒的臉，白裡透紅的膚色，很美；酒倒入酒杯，迎面而來的是香瓜的清香；緊接著，是白花，梔子花的香氣；入口，酒體的單寧，由舌面衝撞口腔，有些刺激，又感覺有些微的辣度；入喉後，留在口中的單寧，將口水勾了出來，由舌面向外擴展；口中留下的餘韻，感覺是吃完核桃後的堅果香；同時，又留下淡淡的柑橘酸，很特別的一支粉紅酒。這樣的感覺，讓我想起了台式的海鮮快炒店，這支酒的清涼與入口的刺激味，搭上台式快炒的炒花枝，海瓜子，炒螺肉，一定很讚！

酒在「iCheers」買的(20190818)

Label Keyword

Viña Real | 酒莊

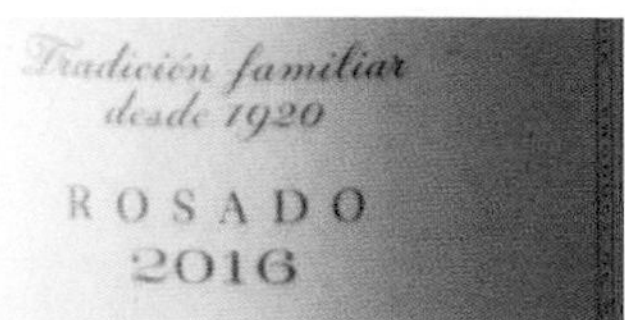

Rosado | 粉紅酒

Rioja | 西班牙知名葡萄酒產區

CHAPTER.04

紅酒

你一定要知道的紅葡萄品種
39 飛行釀酒師的葡萄酒 Clos de los Siete
40 新鮮人會喜歡的紅葡萄酒 Enate Cabernet Sauvignon Merlot
41 與印象中不同的加州 Cabernet Sauvignon, The Cab
42 溫柔婉約的 Kaesler Cabernet Sauvignon
43 柔軟易飲的 Marquês dos Vales
44 波爾多風格的 Aquitania Reserva Cabernet Sauvignon
45 香甜的 Simi Merlot
46 吸引人的右岸葡萄酒 Saint-Émilion
47 夢幻產區玻美侯的鄰居 Lalande-de-Pomerol
48 有著咖啡香的 Valdivieso Merlot
49 義大利 Merlot Redentore
50 適合搭德州 BBQ 的 Kendall-Jackson Merlot
51 了解全球最貴的葡萄酒，從認識黑皮諾開始
52 值得一試的 Santa Barbara 黑皮諾
53 喝了口乾的 Sensi Collezione Pinot Noir
54 初戀的味道 Wild Rock Cupids Arrow Pinot Noir
55 德國黑皮諾 Dr. Bürklin-Wolf
56 帶草味的 Carmen Premier Reserva Pinot Noir
57 喝 Syrah，從法國的隆河開始
58 較柔和的 Mount Pleasant Philip Shiraz
59 發光發熱的澳洲 Shiraz
60 搭著烤肉一起走的 Shiraz
61 精品酒莊 Flaherty
62 過雙桶的葡萄酒 Jacob's Creek Double Barrel Shiraz
63 奧地利紅酒 IBY Blaufränkisch
64 深邃的 Trapiche Broquel Cabernet Franc
65 熱情外放的 Barocco Primitivo Puglia
66 不需等待就能喝的 Nebbiolo
67 西班牙黑皮諾 Mencia
68 南非的特色紅葡萄酒 Pinotage
69 在日本得獎的 Saurus Malbec
70 小而甜美的 Dolcetto
71 超級托斯卡尼 Mongrana ?
72 認識西班牙酒，從 Rioja 開始
73 鮮美的加美 Domaine Robert Sérol Côte Roannaise
74 葡萄牙斗羅河葡萄酒 Barco Negro
75 一酒莊，一產區 Dehesa del Carrizal MV
76 西西里島 Cusumano Nero d'Avola
77 喝過 Chianti，試試 Chianti Superiore
78 新鮮甜美的北義混釀 Langhe Rosso

你一定要知道的紅葡萄品種

你一定要知道的紅葡萄品種

從認識葡萄酒的角度，Cabernet Sauvignon、Merlot、Syrah 和 Pinot Noir 是一定要認識的紅葡萄品種。因為這是你走遍全球，一定都看的到，喝的到的紅葡萄品種。本文與葡萄酒筆記合作，針對這幾個品種，逐一介紹，而在後面的品飲，也記錄了這次書中的酒款。至於，其品種，與特定產區，就留在在每一篇裡了！

Cabernet Sauvignon 征服全球的紅葡萄之王

如果說到台灣茶，最知名的是高山烏龍；而說到白葡萄酒的品種應該是 Chardonnay；那紅葡萄呢？我想非 WCabernet Sauvignon 莫屬。這個處處可見，但發音有點困難的品種(Cab-er-nay ---Saw-veen-yawn, 可簡稱為 CS)，從波爾多左岸的複雜典雅，到新世界的柔順易飲，選擇多元，但要如何下手？

Cabernet Sauvignon 原產於法國波爾多左岸，皮厚，顏色深紫。葡萄皮賦予的厚重單寧，澀度較高，因此在此區通常混合較甜美的 Merlot 及 Cabernet Franc，追求更和諧細緻的口感。這裡有許多 Cabernet Sauvignon 混釀的紅葡萄酒可經過長時間的久存，亦即長熟型葡萄酒，這也是為什麼許多人認為年輕的波爾多紅酒較艱澀的原因；而經過時間的洗禮，Cabernet Sauvignon 卻有著濃厚卻細緻的魅力。此葡萄未成熟時，帶有些許青草、青椒、黑櫻桃的氣味；陳年後則帶有成熟黑色果香(黑醋栗)、西洋杉、雪茄的氣息；而經過橡木桶培養 Cabernet Sauvignon 常散發著咖啡、香草等優雅香氣。

Pinot Noir 嬌貴纖細的公主

多年前的一部電影「夢露與我的浪漫週記」，劇中的 Marilyn Monroe 個性非常脆弱且捉摸不定，但是性感、天真又充滿女性魅力的她，總是讓男人為之傾倒。而 Pinot Noir（Pee-noeNwahr），Noir 是法文「黑」的意思，中文翻譯為黑皮諾，就有如劇中的 Marilyn Monroe 一般，嬌生慣養難照料，偏偏她風格多變，可愛又性感，讓許多酒迷們願意多掏腰包，只為要有一親芳澤的機會。

Pinot Noir 來自法國勃艮地，因為皮薄，只適合生長在寒冷的區域，因此產量較少。顏色偏紅寶石色，酒體輕盈，單寧滑順，許多人形容其質地，如絲一般。 撲鼻的香氛，帶有紅色莓果如櫻桃，草莓及薄荷等清新氣息；經過陳年則有豐富花香、香料、菇類、甚至皮革等香氣；開瓶後，每隔一段時間總有不同的香氣及層次變化，讓人覺得驚喜連連。除了紅葡萄酒，Pinot Noir 也是香檳區三種葡萄品種之一，被釀製成香檳汽泡酒，及 Rosé 粉紅酒。

人見人愛的甜美 Merlot

每當要以紅葡萄酒送禮時，若不知道對方的喜好，我通常會挑選 Merlot 葡萄調配比例較高的葡萄酒。Merlot 的甜度高，酸度低，口感濃郁卻有細膩單寧，嚐起來非常迷人。男士們若想贏得美女芳心，又想展現自己的內涵，下次不妨選擇 Merlot，並告訴你的女伴她就像這瓶葡萄酒一樣溫柔甜美。

Merlot 的原產地為法國波爾多，在當地與 Cabernet Sauvignon 及 Cabernet Franc 是調配夥伴，在美國，智利等新世界則單獨調配。其果實顆粒較大，早熟又易受到霜害摧殘，容易腐爛，適合生長在較乾燥溫暖的氣候。釀製的酒顏色偏深紅，香氣以藍莓及紅莓果味為主，口感上有洋李(蜜餞)，肉桂及咖啡的風味，中度酒體，濃郁卻柔和，偏甜但酸度低。

Syrah/Shiraz 在澳洲成名的世界巨星

澳洲的明星 Shiraz，在法國的北隆河被稱為 Syrah。是除了 Cabernet Sauvignon 以外另一個長熟型的國際紅葡萄品種。澳洲出產的 Shiraz 因為價格合理，醒酒時間較短，加上其辛香料風味，容易搭配各式亞洲菜餚，因此在台灣非常受歡迎。

Syrah/Shiraz 的原產地已不可考，有人說是伊朗，也有人說是法國北隆河。葡萄顏色深，適合栽種於較溫暖炎熱的區域，所釀成的葡萄酒顏色深紅偏黑，酒體濃厚且口感強勁。通常帶有紫羅蘭及覆盆子等紅色果味，成年後會有黑胡椒、黑色果乾、可可及皮革等成熟香氣。雖然也適合久存，但單寧沒有 Cabernet Sauvignon 來的艱澀，口感也比 Pinot Noir 豐厚；在炎熱區域口感濃郁，在冷涼氣候卻細緻輕巧，是可被男女老少接受的口感。

39 飛行釀酒師的葡萄酒 Clos de los Siete

飛行釀酒師的葡萄酒 Clos de los Siete （七芒星）

（建議搭牛排，羊排）

第一次喝七芒星是在 2011 年的九月，當時喝的是 2005 年的年份酒，當下的感覺是非常波爾多風格的好酒。

七芒星（Clos de los Siete）是來自阿根廷南部的 Mendoza，由釀酒師 Michel Rolland 以 53% 馬爾貝克（Malbec）、23% 梅洛（Merlot）、12% 卡本內蘇維濃（Cabernet Sauvignon）、8% 希哈（Syrah）、4% 小維鐸（Petit Verdot）以波爾多的手法混釀而成。講到 Michel Rolland，不得不提出他著名的另一個頭銜，叫「飛行釀酒師」。

釀酒師，是在酒莊裏，幫助酒莊釀製出擁有好風味，穩定品質葡萄酒的人。當這些釀酒師的作品被人肯定，自然會有世界各地的酒莊找上門，請他們擔任顧問。然而南北半球採收期不同的關係，這些釀酒師宛若候鳥般的在世界各地飛行，所以被暱稱為「飛行釀酒師」。而 Michel Rolland 為其中的翹楚，他所擔任顧問的酒莊，超過 20 個國家，100 間酒莊，從法國，美國，到智利，阿根廷，甚至黎巴嫩，保加利亞，以色列與中國。

這支 2013 的七芒星，酒一開瓶，如印象中，呈現出的是紅色酒體，帶著紫黑的顏色；酒香濃郁，有藍色莓果，有黑醋栗等，明顯的森林莓果香；酒入口，仍是印象中的渾厚；酒入喉後，雖是 2013 年（距今約 6 年）的酒，口中卻還是強勁的單寧。跟印象中在 2011 年喝的印象類似。也許這是釀酒師 Michel Rolland，想要呈現的風味吧！

酒在深圳 ole 超市買的。

Label Keyword

Clos de los Siete

ARGENTINA 2013

Clos de los Siete ｜酒名

ARGENTINA 2013

by Michel Rolland

Michel Rolland ｜ 飛行釀酒師

40 新鮮人會喜歡的紅葡萄酒 Enate Cabernet Sauvignon Merlot

新鮮人會喜歡的紅葡萄酒
Enate Cabernet Sauvignon Merlot, Somontano

（適合一般公司聚餐，同歡的一支酒）

在尋找 Cabernet Sauvignon 過程中，看的到，幾乎都是美國，智利，澳洲，阿根廷等等，都算是新世界的葡萄產區，在舊世界的葡萄酒中，要找到 Cabernet Sauvignon 的紅酒，反而不容易。在本書截稿前，瞬間，發現的這隻來自舊世界西班牙裡的新產區 Somontano，以 Cabernet Sauvignon 與 Merlot 一起混釀的葡萄酒。

Somontano 是位於西班牙北邊 Aragon 裡的新產區，這產區於 1984 年正式成立。Somontano 的意思是在山下，而這區也正位於法西邊境庇里牛斯山的山腳下，距法國邊境，僅有 60 公里。這個產區屬大陸型氣候，但是因為產區位於庇里牛斯山的山坡上，因此葡萄園受惠於夏日晝夜的高低溫差，因此種出來的葡萄，富有酸甜平衡的優秀葡萄。

本區的法定葡萄品種，除了傳統的 Moristel、Parraleta 和 Macabeo 之外，還有外來的 Cabernet Sauvignon、Merlot、Garnacha 與 Syrah。Enate Cabernet Sauvignon Merlot, Somontano 2015 就是以 Cabernet Sauvignon 與 Merlot 混和釀製成。我試著找出兩者的混和比，很遺憾的，找不到。

這支酒有著牛番茄的鮮紅色，入口，很像蘋果汁，好喝，順口，當然酒沒有像蘋果汁那麼甜。酒有著新鮮莓果的香氣，還有一點點的礦物味；酒收口乾淨，無雜質，留下的是淡淡的單寧；很乾淨的一支酒。整支酒，呈現的是現代的葡萄酒風格，雖然沒有傳統的西班牙風味，但卻是一支很好入口，很容易吸引葡萄新鮮人的一支酒。

酒是在 Enoteca 買的。(20190830)

Label Keyword

Enate ｜酒莊

Cabernet Sauvignon ｜全球知名紅葡萄品種

Merlot ｜全球知名紅葡萄品種

Somontano ｜西班牙北部產區

41 與印象中不同的加州 Cabernet Sauvignon, The Cab

與印象中不同的加州 Cabernet Sauvignon, The Cab

（適合搭上江浙菜，或是紅燒類的菜色）

Cabernet Sauvignon 是全球釀製最多的葡萄品種，不管是舊世界葡萄酒，新世界葡萄酒，甚至新興世界的葡萄酒釀酒國，像是中國，幾乎都看到她的蹤跡。早期，開始學酒時，幾乎都是喝波爾多的 Cabernet Sauvignon 混釀開始的，慢慢的，轉向加州的 Cabernet Sauvignon 與 Merlot，跟著喝到南美智利的 Cabernet Sauvignon；只不過，自從喝到了回不去的黑皮諾，幾乎就很少碰到加州的 Cabernet Sauvignon，為了寫書，感謝自己寫書，從新再喝一次加州 Cabernet Sauvignon。

Cosentino Winery The Cab Cabernet Sauvignon, Lodi, USA 來自加州，她是來自加州的中央河谷（Central Valley）的 Lodi AVA 產區。這代表的是，釀這支酒的 Cabernet Sauvignon，有 85% 來自 Lodi 產區。

The Cab Cabernet Sauvignon, Cosentino Winery, Lodi 的酒，在杯中呈現的紫紅色，相對於一般的 Cabernet Sauvignon 顏色較淡些；輕搖酒杯，聞到了第一個味道是「甜」，但喝入口之後，卻沒有聞到的那麼甜；再輕晃酒杯，飄出的是煙燻木頭香，有趣的是，她有著成熟的草味，很像是煮熟後，白蘆筍的味道；再輕晃酒杯，聞到了春天裡溫暖的花香，好像置身於向日葵田中一般；酒入口，感覺溫和，有著紅糖的香氣，細緻的單寧由上口腔由外向內包覆，一個有趣的體驗。

整體來說，這支酒與我記憶中的加州 Cabernet Sauvignon 的濃郁香甜有著明顯的不同，也許是我的記憶還留在北加州 Napa Sonoma Cabernet Sauvignon 的味道吧！

酒是「酩陽」代理的！(21090206)

Label Keyword

The Cab | 酒名

Cabernet Sauvignon | 全球知名紅葡萄品種

Cosentino Winery | 酒莊

Lodi | 美國加州葡萄酒產區

42 溫柔婉約的 Kaesler Cabernet Sauvignon

溫柔婉約的 Kaesler Cabernet Sauvignon，Barossa Valley

（建議油濃醬厚的江浙菜）

喝過很多支的 Barossa Valley Shiraz，卻是第一次喝 Barossa Valley 的 Cabernet Sauvignon。

Barossa Valley 是澳洲最知名的葡萄酒產區，產區位於阿德雷的東北方 70 公里。而 Barossa Valley 自 1850 年即開始生產，幾乎所有澳洲的大型酒廠在此都有酒廠，是澳洲最重要的釀酒中心。Barossa Valley 的葡萄園，也許是天氣炎熱的關係，大多數都是種植紅葡萄，其中，Shiraz 的種植佔了一半以上，是澳洲最重要的 Shiraz 葡萄酒產區，也是澳洲 Shiraz 的典型代表。而我，也喝了不少的 Barossa Valley Shiraz，只不過，這次試的是 Cabernet Sauvignon。

Kaesler 酒莊，由來自 Silesia（西利西亞）的 Kaesler 家族於 1891 創立，1893 年開始釀酒。拜了拜谷歌大神，這個家族，應該也算是 Barossa Valley 的早期開發者吧！

講了那麼多，還是喝酒吧！

這支來自 Barossa Valley 的 Kaesler Cabernet Sauvignon，酒的顏色屬於深邃的紅色，很像深紅色的紅棗；酒的果香味，不明顯，香氣較深沉，不外放，與一般外放的 Barossa Valley Shiraz 有著明顯的不同。酒入口，帶甜，不濃郁；讓酒在口中滑動，入喉，留下的，是蘋果的香甜味，留下的，是細細的單寧澀，悠悠的，長長的。閉上眼，突然覺得酒，好像是書中形容蘇州美女講話時的「吳儂軟語」，又有點像是聆聽「蘇州評彈」的感覺，細細的，柔柔的。與印象中外放的澳洲紅酒，完全不同，很特別的一支酒。

這酒是在 「酒瓶子」找的。(20181231)

Label Keyword

Kaesler ｜酒名

Cabernet Sauvignon ｜ 全球知名葡萄酒品種

Barossa Valley ｜澳洲知名酒莊

43 柔軟易飲的 Marquês dos Vales

柔軟易飲的 Quinta dos Vales Marquês dos Vales Selecta Red Wine

（酒柔軟易飲，適家常菜）

Cabernet Sauvignon 在法國，因法規的限制，通常只能混上 Merlot，Cabernet Franc 等等。而出了法國，世界大不同，在義大利，有些會混上 Sangiovese；在澳洲，會混入 Syrah；而這支葡萄牙酒，Quinta dos Vales Marquês dos Vales，則把當地品種，Aragones 與 Touriga Nacional，再加上 Cabernet Sauvignon, Petit Verdot 與 Syrah 一起混合釀製了這支酒。這種混釀方式，在 Wine-Searcher 網站上，把它稱之為「Rare Red Blend」。

所謂的 Rare Red Blend，是用一些不常見的葡萄品種或是稀有的葡萄品種，一起混釀的葡萄酒。但大多數，這種混釀，多會以 Bordeaux Blended 混釀為基礎，或說，大多數，都會以 Cabernet Sauvignon 為基底，再加上當地的葡萄品種，一起混釀而成。像是義大利，多會以 Cabernet Sauvignon 為基底再加上義大利特有的 Sangiovese, Montepulciano 混釀而成，像是超級托斯卡尼即是一例。而 Quinta dos Vales Marquês dos Vales Selecta Red Wine 2011 是類似的釀法，只不過他的葡萄是以 Cabernet Sauvignon 為基底再加上葡萄牙特有的 Aragones 與 Touriga Nacional 最後再加上 Petit Verdot 與 Syrah 共 5 種葡萄一起混釀而成。

這支酒的顏色深，屬紅偏黑；入口是意外的平滑順口，像果汁一樣；酒有著淡淡的甜味，帶著一種醃漬梅子的香氣；酒在口中，先釋放出淡淡的酸度，緊接著，是細細的單寧爬滿了口腔；收尾，是帶著礦物苦韻的淡淡甜味。整支酒是柔軟易飲，很適合一般的家常菜。

酒是在「iCheers」買的。(20190824)

Label Keyword

2011
WINE OF PORTUGAL
QUINTA DOS VALES•ALGARVE

Quinta dos Vales | 酒莊

MARQUÊSDOSVALES
SELECTA
2011

Marquês dos Vales | 酒名

44

波爾多風格 Aquitania Reserva Cabernet Sauvignon

波爾多風格的 Aquitania Reserva Cabernet Sauvignon, 2016

（建議搭上較厚重的牛，羊排）

不知是否是因為莊主的關係，我強烈地感受到了波爾多風格的 Cabernet Sauvignon。

酒莊 Aquitania 是 1984 年兩個法國波爾多好友 Bruno Prats 和 Paul Pontallier 一起從波爾多到智利與他們的共同朋友 Felipe de Solminihac 尋找新的葡萄園，酒莊於 1990 年於安地斯山脈下 Maipo Valley 裏的 Quebrada de Macul 正式成立。

Maipo Valley 隸屬中央產區，位於首都聖地牙哥的南方，安地斯山脈下，是智利最重要的葡萄酒產區，所有智利的大酒，幾乎產自這裡，通常她被稱為是南美的波爾多，自然 Cabernet Sauvignon 是這裡，最重要的葡萄品種。

產區的西邊，是太平洋海岸山脈，將 Maipo Valley 與太平洋隔離，產區東邊是快速爬昇的安地斯山脈，安地斯山脈的另一面，是阿根廷的重要葡萄酒產區 Mendoza。Aquitania 葡萄田就在 Maipo Valley，700 公尺高的安地斯山脈的山麓。

Aquitania Reserva Cabernet Sauvignon, 2016 是以 100% 的 Cabernet Sauvignon 所釀製。看到的酒色，是偏鮮紅色，酒體不重，肉眼可輕易的穿透杯子看到杯子的另一面；酒，帶著像鐵一般的礦物味；入口，感覺到淡淡的味道，但是酒體結構清楚，不強烈的單寧，很明顯的挑戰口腔，證明它的存在；入喉後，餘韻不斷，口中泛出的是像鹽巴的苦韻，又帶出了淡淡的梅子味。這支酒衝撞口中的感覺，對我來說，是明顯的波爾多風格，不知這是否是酒莊主人對家鄉的懷念。

酒在「iCheers」買的。(20190818)

Label Keyword

Aquitania ｜酒莊

Cabernet Sauvignon ｜ 全球知名紅葡萄品種

Valle del Maipo ｜智利葡萄酒產區

45 香甜的 Simi Merlot

香甜的 Simi Merlot

（想搭小羊排）

在喝酒的記憶中，加州的葡萄酒幾乎就是肥美葡萄酒的代名詞。也許是因為土壤的肥沃，也許是加洲溫暖的陽光，形成了加州葡萄酒肥美的印象。

十幾年前在喝葡萄酒時，喝法國葡萄酒，幾乎就是喝 Cabernet Sauvignon 所釀製的葡萄酒；喝美國酒時，幾乎喝到的，都是加州 Merlot。也許是比較便宜、也許是她的甜美、也許是年少，人生經歷不夠，不喜歡相對苦澀的法國酒！

曾幾何時，為了寫這本書，封存在記憶裡的加州 Merlot，被重新打開，意外的，在市面上，幾乎很難發現加州的 Merlot。容易找到的，是智利、是阿根廷；找了好久，終於找到了這支 Simi Merlot。

Simi Merlot 在杯中呈現的是五爪蘋果紅帶點紫黑色，聞起來有著豐富的莓果香，以藍莓、草莓味較明顯，但是深層中卻又帶著森林的橡木味；入口的是柔軟細膩的汁液，輕輕撫摸著您的口與舌；入喉後，留下的是分佈在口中微微澀澀的感受，而這樣的感受卻是來自酒中的柔軟單寧，會讓您回味的想再多喝一口、再多一口、再多一口。整支酒讓我覺得，好像是一對熱戀中的男女，彼此黏在一起，分享著一同相聚的甜蜜時光，而每一次的難分難捨的離別之後，卻又恨不得的馬上再見！

酒是在「家樂福」買的。(20180923)

Label Keyword

Simi | 美國加州的著名酒莊

Sonoma County | 加州的著名葡萄酒產區

Merlot | 全球知名紅葡萄品種

46 吸引人的右岸葡萄酒 Saint-Émilion

吸引人的右岸葡萄酒
Jean-Pierre Moueix, Saint-Émilion

（我會想搭上鴨肉或羊肉料理）

總覺得書中一定要放一支法國的 Merlot，書才會完整；而放法國的 Merlot 葡萄酒，對我的首選，一定是波爾多右岸的 Saint-Émilion。

Saint-Émilion 位於法國波爾多的右岸，是波爾多著名的葡萄酒產區；本區的葡萄，以 Merlot 為首選，與波爾多左岸的 Medoc，以 Cabernet Sauvignon 為主，有著明顯的不同。還記得 1990 年代開始試著理解葡萄酒時，也許太年輕，很不適應波爾多葡萄酒，那種咬著牙齒的澀；就有那麼一次喝到了，一支帶甜，又不咬牙的波爾多葡萄酒，突然，我的葡萄酒世界變了，居然有不澀帶甜的葡萄酒，從此，開始對葡萄酒有著不同的想像。而後來，才知道，改變我對葡萄酒世界的酒，是來自波爾多右岸，來自 Saint-Émilion，以 Merlot 為主體的紅葡萄酒。只不過，我不記得那支酒了，但是，我卻記住了波爾多右岸的 Saint-Émilion。

Saint-Émilion 葡萄酒的釀製手法，也是以波爾多式混釀為主，她主要的葡萄品種是 Merlot，其他再混以 Cabernet Franc 或 Cabernet Sauvignon。

Jean-Pierre Moueix, Saint-Émilion 2015 是以 85% 的 Merlot，混上 15% 的 Cabernet Franc 所釀製而成。酒呈現出的是深紅色，透過光，穿過酒杯，呈現出誘人的深紅色；酒有著藍莓，櫻桃的莓果香；入口，偏酸，不甜，酒體不重；回口，是梅子，草莓香。整支酒，較一般印象中 Saint-Émilion 的酒，來的清爽些，是一支容易入口的酒，適合一般飲食口味較淡的品飲者。

酒是「星坊」代理的。(20190501)

Label Keyword

Jean-Pierre Moueix | 酒莊

Saint-Émilion | 法國葡萄酒產區

47 夢幻產區玻美侯的鄰居 Lalade-de-Pomerol

夢幻產區玻美侯的鄰居
Château Tour de Marchesseau, Lalande-de-Pomerol

（建議台式滷肉或是福州菜的紅燒肉）

講到玻美侯，我想酒迷想到的應該是 Petrus、Château L'Évangile、Vieux Château Certan、Château La Conseillante、Château Lafleur 等等大酒，尤其是 Petrus，幾乎已經是波爾多的夢幻酒款，只不過，一支 Petrus，動輒八萬，十萬的，就算是其他的玻美侯，也要一兩千，兩三千的，對一般小資族來說，價格還是相對高的。但是，玻美侯，畢竟對愛酒的人，還是會想要親近一下，這時，也許玻美侯的衛星產區，Lalande-de-Pomerol 會是一個選項。

玻美侯位於波爾多右岸。與 Saint-Émilion 的西北部相連，產區以高比例的 Merlot 為主，土壤以砂質，礫石與黏土地為主。Lalande-de-Pomerol 位於玻美侯的北邊，土壤，氣候類似，兩者中間隔著一條小溪。

這次會選 Château Tour de Marchesseau，只因好多年沒在台灣看到這個產區的葡萄酒，另也想重新試試多年後的 Lalande-de-Pomerol 葡萄酒。

Château Tour de Marchesseau，是由接近 400 年（1628 年成立）歷史的 Trocard 家族所擁有，以 90% 的 Merlot、5% 的 Cabernet Franc 與 5% Cabernet Sauvignon 所混釀而成。

Château Tour de Marchesseau 的酒色，呈現的是深帶點棕色的深紅色；酒有著莓果香，酒入喉，微甜，細細的單寧澀，由舌面，向口腔向後延伸；入喉後，口中的單寧由舌面向全口擴張，此時，單寧變的強勁，甚至辣口。與記憶中的玻美侯葡萄酒相較，風格接近，但酒體較薄些，但仍是單寧細緻的 Merlot 好酒。

酒是在「酒瓶子」買的。（20190501）

Label Keyword

Château Tour de Marchesseau | 酒莊

Lalande-de-Pomerol | 法國葡萄酒產區

48

有著咖啡香的 Valdivieso Merlot

有著咖啡香的 Valdivieso Single Vineyard Merlot, Sagrada Familia

（想搭油濃醬厚的江浙菜）

Valdivieso Single Vineyard Merlot, Sagrada Familia, 2012 是來自智利的葡萄酒。

Valdivieso 創立於智利 1879 年，是智利數一，數二的老酒廠。創辦人 Don Albert Valdivieso 自法國遊學後，在故鄉建了這間酒廠，最初以生產汽泡酒為主，成為南美洲汽泡酒知名酒廠。而後藉助了汽泡酒的江湖地位，Valdivieso 也開始生產葡萄酒，隨即贏得市場的高度關注與讚賞，二十世紀初，在智利首都聖地牙哥（Santiago），若是主人以 Valdivieso 宴客，是主人身分與地位的一種象徵。

Valdivieso Single Vineyard Merlot, Sagrada Familia, 2012 是產自產區 D.O. Sagrada Familia。以大產區來看，D.O. Sagrada Familia 是在中央谷地裡的 Valle De Curicó；若再細分 Valle De Curicó，又分為北邊的 Teno 與南邊的 Lontue，而 D.O. Sagrada Familia 位於南邊的 Lontue，距離首都聖地牙哥（Santiago）250 公里。在 Valle De Curicó 中，品種以 Cabernet Sauvignon、Chardonnay 與 Sauvignon Blanc 為主，Merlot 相對較少；而這支酒，卻是以 100% 的 Merlot 所釀製。

Valdivieso Single Vineyard Merlot 在燈光的照射下，呈現的是泛著亮光，紅偏黑的顏色；初聞，有著咖啡的香氣與淡淡的黑莓香；酒入口，比我想像的濃郁，但是不強勁；酒入喉後，口中泛出蘋果的香甜，卻又有一點辣辣的感覺；這時，微澀的單寧平均的分布口中，餘韻在口中盤旋；突然間，讓我好想搭上一口東坡肉，那醬香搭上莓果香，那油脂配上單寧，想著，想著，口水都流出來了！

酒是在「酒瓶子」買的。（20190505）

Label Keyword

Valdivieso | 酒莊

Single Vineyard | 單一葡萄園

Merlot | 全球知名紅葡萄品種

Sagrada Familia | 產區

義大利 Merlot Redentore

義大利 Merlot
Redentore Merlot 2016

（適合台式紅燒類料理）

印象中的義大利酒，幾乎都是配合義大利，長而多變的地形，以義大利的原生品種所釀製。像是北邊 Piedmont 的 Nebbiolo、Barbera、Dolcetto；義大利中部 Tuscany 的 Sangiovese、Trebbiano、Montepulciano；南部 Puglia 的 Primitivo；西西里島的 Calabrese、Nero d'Alvora 等等。只不過，酒喝多了，慢慢也發現，義大利，也有一些以法國的 Cabernet Sauvignon、Merlot、Chardoanny、Pinot Noir 所釀製的酒，而且還不錯喝。

Redentore Merlot 2016 就是一支我覺得還不錯喝的義大利 Merlot。

Redentore Merlot 2016 是來自義大利北部，在威尼斯的東邊。亞德里亞海北邊，屬於 delle Venezie IGT 的葡萄酒產區。拜了拜谷歌，谷歌說：「delle Venezie IGT 是大區 Veneto 下的次產區，本區以 Pinot Grigio 的白葡萄酒聞名，尤其是在英國與美國市場，大約佔了七成的產量，其他的法國品種，像是 Pinot Noir、Merlot、Cabernet Sauvignon 和 Chardonnay 各佔 3-10%。」

這支酒，在杯中看到的是像加州李一樣，屬紅偏黑的顏色；輕輕晃了晃酒杯，聞到了明顯的莓果香；再晃了晃，聞到了五香，八角的混合味，有點像是滷肉的香氣；酒入口，香甜，柔軟，但酒體不重，屬輕柔型；酒回口，是水果的香甜，好似剛吃完蘋果的感覺，又有點像是喝完台灣紅玉 18 後的茶香；口中的單寧是細細的，分佈在整個口中；細細回味，似乎聞到了些許的肉桂味與莓果香。

整支酒，給人是一種溫暖的感覺。很棒的一支酒，很想跟多年不見的老友，一起分享的一支酒。

酒是在「酒瓶子」買的。(20190113)

Label Keyword

Redentore | 酒莊

Merlot | 全球知名紅葡萄品種

50 適合搭德州 BBQ 的 Kendall-Jackson Merlot

適合搭德州 BBQ 的 Kendall-Jackson Grand Reserve Merlot, Sonoma County

（適合搭美式肋排）

還依稀記得，二十幾年前，第一次學加州酒的時候，是從 Napa Valley 開始的。而第二個產區，就是 Sonoma County。

Sonoma County 位於加州，介於 Napa Valley 與太平洋之間，地形氣候多變，生產出全加州種類與風格最多的葡萄酒。

曾經去過舊金山多次，每次經過，有機會，就會參加當地的葡萄酒之旅，參觀酒莊，葡萄園。每次，都是由 Sonoma County 開始，Napa Valley 結束。印象中，總是陽光普照，氣候暖和，心總想著，難怪加州的葡萄好，酒好喝；參觀酒莊時，看著望不到邊的葡萄園時，更是令人心曠神怡。酒莊 Kendall-Jackson 成立於 1982 年在 Napa Valley 北邊的 Lake County。酒莊的第一支酒是 Chardonnay。經過多年的努力，酒莊後來發展到 12,800 畝的葡萄園，遍佈加州沿岸幾個涼爽的主要產區如 Sonoma、Mendocino、Santa Barbara 等等。

Kendall-Jackson Grand Reserve Merlot 就是以 95% 的 Sonoma County 的 Merlot、再加入了 4% Malbec、0.5% Cabernet Sauvignon 與 0.5% Petit Verdot 一起混釀而成。

酒的顏色是深紅偏紫，酒有著明顯的草莓，藍莓等莓果的香氣；入口滑順，偏甜，那是像棗子乾的甜，像醃漬過的李子蜜餞甜；酒不酸，微澀，很容易入口。喝酒的當下，讓我想起了 Tony Roman's 的烤肋排；也讓我想起了德州的 BBQ。

我想著這支酒的香甜，搭上了 Tony Roman's 的烤肋排或是德州的 BBQ 甜美多汁的肉，絕對是絕配；說著，說著，好想再吃一次 Tony Roman's 的烤肋排。

酒是在「橡木桶」買的。(20190505)

Label Keyword

Kendall-Jackson | 酒廠

Merlot | 全球知名紅葡萄品種

Sonoma County | 加州葡萄酒產區

51 了解全球最貴的葡萄酒，從認識黑皮諾開始

了解全球最貴的葡萄酒，從認識黑皮諾開始

（建議搭配台式料理）

全球最貴的酒莊葡萄酒，不外乎是 DRC 的 DRC。什麼是 DRC 的 DRC?

第一個 DRC，指的是酒莊 Domaine de la Romanée-Conti，第二個 DRC，指的是 Domaine de la Romanée-Conti 這個地塊。我一直在等我有錢的好朋友，請我喝 DRC，但是在那之前，我覺得還是要認識釀製 DRC 的紅葡萄品種，黑皮諾（Pinot Noir）。

黑皮諾，原生於勃根地，據說，她是全球最嬌貴的葡萄品種；據說，她是全球最難照顧的品種；據說，她也是全球最重要的紅葡萄品種之一。而全球最昂貴的紅葡萄酒，DRC（Domaine de la Romanée-Conti），即是由種植在自家葡萄園的黑皮諾，所精心釀製。黑皮諾所釀製的紅葡萄酒，聞到的，通常是花香、果香，非常的吸引人；酒喝起來微甜、微澀，但又帶點酸度，口感上較為細緻、柔順；而她的顏色呈現的是櫻桃紅，是美國的五爪蘋果紅，優質 Pinot Noir 的顏色，甚至會跟紅寶石一樣的晶瑩剔透。

而喝勃根地黑皮諾多年下來的經驗，我會喜歡挑老家族的黑皮諾，只因，他們酒的品質，相對平穩，較不容易踩到雷。Chanson Père & Fils Bourgogne Pinot Noir 2016 是來自法國勃根地古老家族的黑皮諾入門酒，酒有著美麗的櫻桃紅，新鮮的草莓味，喝了，就是讓人感受到春天的氣息。

我喝的這瓶酒是在「iCheers」買的。(20180924)

Label Keyword

Chanson ｜酒莊

Bourgogne ｜法國產區

Pinot Noir ｜全球知名紅葡萄品種

52 值得一試的 Santa Barbara 黑皮諾

值得一試的 Santa Barbara 黑皮諾
Pali Wine Co. Huntington Pinot Noir, Santa Barbara County, USA

（搭個羊排或是燉牛膝應該挺棒的）

不記得在哪本書看過，加州的 Santa Barbara 是美國第一個種植黑皮諾的地方。當初看到這段話時，僅是好奇，因為以自己理解的加州，天氣應該是熱的，而黑皮諾的種植地，要的卻是涼爽的天氣，加州，種得出黑皮諾嗎？這回在 Costco 看到了來自 Santa Barbara 的黑皮諾，當然要試一下！

Pali Wine Co. Huntington Pinot Noir、Santa Barbara County、USA 是選用 Santa Barbara 不同 AVA 產區，包括 Sta. Rita Hills、Santa Maria、Santa Ynez Valley 和 Los Alamos 的黑皮諾，以美國舊桶，再加上 20% 法國新桶，陳放 10 個月後再進行勾兌調和所釀製而成。酒呈現的是棗紅色，有著新鮮的草莓香，酒杯晃久一點，還飄出淡淡優雅的香水味；酒單寧不重，喝起來微甜，像果汁般的柔順；喝起來，就是有那麼一點點肥美的感覺，而沒有勃根地瘦瘦的美感。

事後，查了資料，才理解到，雖然 Santa Barbara 位於加州的中海岸的最南方，但是因為加州的海岸線突然在 Santa Barbara 轉成東西向，形成了東西向的河谷地形，讓太平洋的寒冷海霧，可以毫無阻礙的吹進谷地，因此形成了全加州最涼爽的葡萄酒產區，當然，也造就了黑皮諾的成長環境，所以就有加州黑皮諾囉！

嗯，Santa Barbara 的黑皮諾，值得一試！

酒是在「Costco」買的。(20190526)

Label Keyword

Pali Wine Co. ｜酒莊

Huntington ｜酒名

Pinot Noir ｜全球知名紅葡萄品種

Santa Barbara County ｜美國加州產區

53 喝了口乾的 Sensi Collezione Pinot Noir

喝了「口乾」的黑皮諾
Sensi Collezione Pinot Noir Trevenezie IGT

（建議搭個薑母鴨或是藥燉排骨）

Pinot Noir 黑皮諾原產自勃根地，一直號稱是嬌貴，難侍候的紅葡萄品種。不過，這些年來，有越來越多的黑皮諾，被種植到不同的葡萄酒產區，這支 Sensi Collezione Pinot Noir Trevenezie IGT 2017 就是來自義大利的 Trevenezie IGT 產區。

Trevenezie IGT 是 1995 年所設立，它包含的範圍包括 Friuli-Venezia Giulia，Veneto 和 Trentino。

也許看倌看不太懂什麼叫 IGT ？ IGT 是義大利產區分級的一個標準。在義大利葡萄酒產區中，共分 4 個等級，最嚴謹的是 DOCG，再來是 DOC，緊接著是 IGT，最後是 VdT。這些分類，是義大利官方，為了控制葡萄酒品質，所設立的一些產區規範。IGT 是優良餐酒的意思，相對於 DOCG，DOC，他的取得成本較低，卻常常可以挖到寶的一個等級酒。

而產區 Trevenezie IGT 位於義大利的東北角，東接斯洛維尼亞，北靠阿爾卑斯山，天氣相對涼爽，我想也應該是天氣較涼爽，所以能孕育出黑皮諾吧，我想。

Sensi Collezione Pinot Noir Trevenezie IGT 2017，酒呈現的是五爪蘋果紅，將鼻靠酒杯，有著很淡，很淡的黑皮諾特有的香氣；入口像果汁，像是微甜的蘋果汁；含在口中，感受她的單寧；酒入口，回口是「乾」，而不是甘；這個「乾」，是讓你有一點口乾舌燥的感覺，很特別；酒，最後呈現出乾草的味道；這是一支很不一樣的黑皮諾，很奇妙的一支酒。

酒是在「酒瓶子」買的。(20190824)

Label Keyword

Sensi ｜酒莊

Collezione ｜酒名

Trevenezie IGT ｜義大利葡萄酒產區

Pinot Noir ｜全球知名紅葡萄品種

54 初戀的味道 Wild Rock Cupids Arrow Pinot Noir

初戀的味道
Wild Rock Cupids Arrow Pinot Noir Martinborough

（適合日式居酒屋的燉煮料理）

原先以為喝到的是紐西蘭 Central Otago 的 Wild Rock Cupids Arrow Pinot Noir 2014，後來才發現，我喝到的 Martinborough 的 Wild Rock Cupids Arrow Pinot Noir 2014。兩個有啥不同？ Central Otago 是在紐西蘭南島，據說是地球上最南端的葡萄酒產區；而 Martinborough 是在北島的南端，在紐西蘭首都威靈頓西北邊 55 公里處。

而這美麗的錯誤只因，買酒時，資料說這酒是來自產區 Central Otago；後來，喝完，開始寫品飲心得，才發現是來自產區 Martinborough。查了酒莊資料才發現，酒莊 Wild Rock 並不會只選一地的葡萄，而是每年會挑選他覺得合適的葡萄來釀酒，而我應該中了籤王，因為網路上的資料，Wild Rock Cupids Arrow Pinot Noir 幾乎都是產自 Central Otago 的，而產自而 Martinborough 的 Wild Rock Cupids Arrow Pinot Noir 2014，反而找不到，挺有趣的。

有時想想，古人是用讀書，旅遊認識世界(讀萬卷書，行萬里路)；而我呢？是用喝酒，去認識世界。

說了一堆，喝酒吧！這支酒是以 100% Martinborough 的黑皮諾所釀製。酒一開瓶，鮮明的紐西蘭黑皮諾香氣，撲鼻而來；細聞，香氣中，帶著淡淡的炭香，很特別；緊接著紐西蘭黑皮諾特有的鮮甜莓果香，其中還帶出了淡淡香水味；酒入口，是蘋果甜，卻又有一點點刺刺的侵略感；入喉後，細細的單寧，佈滿整個口腔。整支酒，有那麼點初戀甜美的味道，讓人念念不忘；又有點，像是單戀，像是跟心儀已久，心目中的女神輕輕接觸之後的念念不忘。

酒是在「iCheers」買的。(20190824)

Label Keyword

Wild Rock ｜酒莊

Cupids Arrow ｜酒名

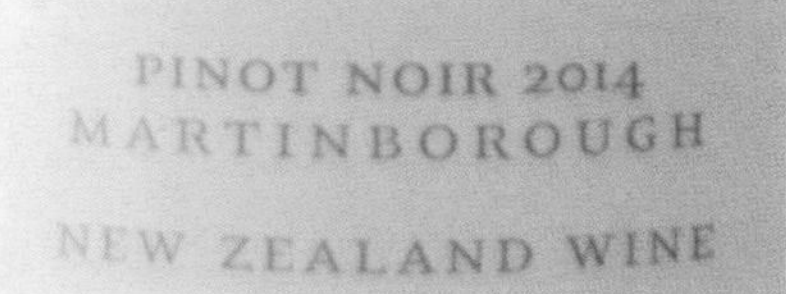

Martinborough ｜紐西蘭產區

Pinot Noir ｜ 全球知名紅葡萄品種

55

德國黑皮諾 Dr. Bürklin-Wolf

德國黑皮諾
Dr. Bürklin-Wolf Pinot Noir

（建議搭小羊排）

黑皮諾喜歡在偏寒冷一點的地方生長，所以在法國，他會長在緯度較高的勃根地。而在德國，因為緯度比法國更高的關係，所以德國的葡萄酒，以白葡萄酒居多，大約佔了七成，而紅葡萄大約佔了其他的三成。至於紅葡萄品種，以黑皮諾（Pinot Noir）為主，在德國，黑皮諾叫做「Spätburgunder」。

認識 Dr. Bürklin-Wolf 這個酒莊，是因為我喜歡他的不甜 Riesling 白葡萄酒，而後，有機會接觸了他的黑皮諾，紅葡萄酒。

Dr. Bürklin-Wolf 位於德國西部 Pfalz 地區，是德國最大的家族式莊園。整體佔地約 90 公頃，大約是一般德國酒莊規模的五至十倍之大，園區內包含眾多特級園與一級園。

Dr. Bürklin-Wolf Pinot Noir 是以 100% 的 Pinot Noir，Pfalz 地區所釀製。

這支黑皮諾的顏色是紫色偏紅，相對一般紅酒，這支酒的酒體偏輕盈；酒有著草莓的新鮮香氣，還有一些花香；入口，微甜，單寧明顯；入喉後，細細的單寧留在舌尖，留在口腔；很像勃根地的大區酒，又有點像勃根地南邊 Pommard 的紅葡萄酒，只是沒有 Pommard 的強壯；這個口感，會很想讓我吃上搭了薄荷醬的羊排。用他細緻的單寧，解了羊排的油脂；用酒的香氣，混上薄荷的香氣。

酒是跟「樂活」買的（20180923）

Label Keyword

Dr. Bürklin-Wolf ｜酒莊

2012
PINOT NOIR

Pinot Noir ｜全球知名的紅葡萄品種

56 帶草味的 Carmen Premier Reserva Pinot Noir

帶草味的 Carmen Premier Reserva Pinot Noir, Leyda, Chile

（適合薑母鴨，藥燉排骨）

我很喜歡黑皮諾，因此有機會的話，會多嘗試不同產區的黑皮諾。

十多年前，想喝黑皮諾，幾乎只有法國一個選項。慢慢的，才有美國，紐西蘭的選項。至於阿根廷，智利，印象中，幾乎都是以耐熱的品種，像是 Cabernet Sauvignon、Merlot 等等為主。過了幾年，才慢慢的看到黑皮諾的出現。剛開始看到時，有點搞不懂，智利，阿根廷這麼熱的天氣，黑皮諾怎麼會長得好？後來，才理解，新世界的黑皮諾，很多都是靠著地形與洋流，所形成的冷空氣，因而，可以種植出適合在寒冷地區的黑皮諾。

Carmen Premier Reserva Pinot Noir, Leyda, Chile 就是一個例子，她是選用智利 Leyda 河谷的黑皮諾，所釀製的葡萄酒。

Leyda 河谷是 San Antonio Valley 下，一個較小的次級產區，其所在位置是在智利首都聖地牙哥西邊 90 公里處，這產區能種出黑皮諾，最主要是有來自太平洋的 Humboldt Current 洋流，調節氣候所致。

Carmen Premier Reserva Pinot Noir, Leyda, Chile 的酒，顏色呈現的是新疆大棗紅；酒初聞，有著草的味道，像是薄荷，像是台灣的仙草味，很有趣；入口偏甜；但酒體適中；酒收口，有著蘋果的香甜味。比較特殊的是，他的草味，從頭貫穿到尾，很特別；印象中，法國北邊的勃根地紅葡萄酒，有類似的味道，只不過，勃根地紅葡萄酒的草味，薄荷味，要到 1-2 小時候，才會出現。

酒是跟「酒瓶子」拿的（20190526）

Label Keyword

Carmen | 酒莊

Premier | 酒名

Pinot Noir | 全球知名紅葡萄品種

Leyda | 產區

57 喝 Syrah，從法國的隆河開始

喝 Syrah，從法國的隆河開始
Domaine Martinelli Crozes-Hermitage, Rhone, France

（搭中餐，不論是台菜，江浙菜，還是粵菜，都搭）

喝到 Syrah 就不得不喝一下源自產地法國的隆河產區。

隆河，是法國第三大葡萄酒產區，釀製的品項，絕大多數都是紅葡萄酒，而白酒的比例低於 10%，還有一些著名的粉紅酒。

隆河產區又分為北隆河與南隆河產區，北隆河以單一品種釀製為主；而南隆河則以混釀而聞名。Syrah 則是北隆河的主要紅葡萄品種，全球頂尖的 Syrah 產區，像是 Côte-Rôtie 與 Hermitage 即是產自北隆河。當然，以 Côte-Rôtie 與 Hermitage 動則數仟元，當然不符合「仟元內值得喝的葡萄酒」的選酒原則，但 Hermitage 旁邊，有個 AOC 叫做 Crozes-Hermitage，他用的也是 Syrah，既然在隔壁，風土當然也接近；曾經，有前輩說過：「貴貴酒莊的酒買不起，買他隔壁的也行」。畢竟，就在隔壁，風土接近；就好比買房，買不到蛋黃區，就買接近蛋黃區的房，也挺不錯的！

當然，做這樣的選擇時，你必須相信「風土」二字。

Crozes-Hermitage 是北隆河最大的葡萄酒產區，整個產區包圍著全球的頂尖 Syrah 產區 Hermitage。Crozes-Hermitage 的 Syrah 紅酒，有著深色漿果與紅花，類似紫羅蘭的香氣，單寧適中，不強烈，收尾或多或少，有些梅子蜜餞的醃製香；相對於頂尖 Syrah 的 Hermitage，酒體較輕，更容易入口。

喝 Domaine Martinelli Crozes-Hermitage, Rhone, France 就是這樣的感覺。而 Crozes-Hermitage 的紅酒，我喜歡拿來搭中餐，不論是台菜，江浙菜，還是粵菜，都是一支很好搭餐的餐酒。

酒是在「家樂福」買的（20190602）

Label Keyword

Domaine Martinelli ｜酒莊

Crozes-Hermitage ｜ 法國北隆河產區

58 較柔和的 Mount Pleasant Philip Shiraz

較柔和的 Mount Pleasant Philip Shiraz, Hunter Valley

（我想搭美式牛排）

澳洲葡萄酒，於 1788 年在雪梨附近開始種植，但因為過於潮濕，不太適合種植，因此葡萄園，漸漸地往內陸發展；獵人谷位於雪梨北方，自 1830 年開始種植葡萄，雖然只佔澳洲葡萄酒的 3%，也許是開發的早，也許是歷史因素，獵人谷有著許多的老牌酒莊，也讓獵人谷變成了澳洲新南威爾斯州的釀酒中心。

獵人谷，位置偏北，天氣較炎熱，但在採收季時，因為陰雨天，遮蔽了烈日，讓炎熱的獵人谷，在葡萄進入成熟時期，變的涼爽，延緩成熟速度，釀成的希哈有著澳洲少見的柔和與高雅風格。個人以為，較為接近原產地，北隆紅的希哈紅酒。

Mount Pleasant Philip Shiraz 2015 Hunter Valley 就是來自獵人谷的紅葡萄酒。

這支酒的顏色，深紅色偏紫，酒體不算濃郁；口感帶甜，有著烏梅的味道；入口相對溫柔，沒有一般澳洲希哈的強烈，外放；有意思的是，這酒入口柔，但是入喉後，湧出的是強勁尾韻，但又不強烈，也許，這就是獵人谷希哈的特色吧！

我想，我會想要把這支酒，搭上一片牛排，細細的吃著帶個肉汁的牛排，慢慢的品上這支酒，讓酒香與牛的油脂，相互幫襯；讓酒液與肉汁相互融合；最後，讓酒的尾韻，清清口腔，繼續的享受那牛排與獵人谷希哈的邂逅。

酒是「泰德利」進口的。(20190601)

Label Keyword

Mount Pleasant ｜酒莊

Philip ｜酒名

Shiraz ｜全球知名紅葡萄品種

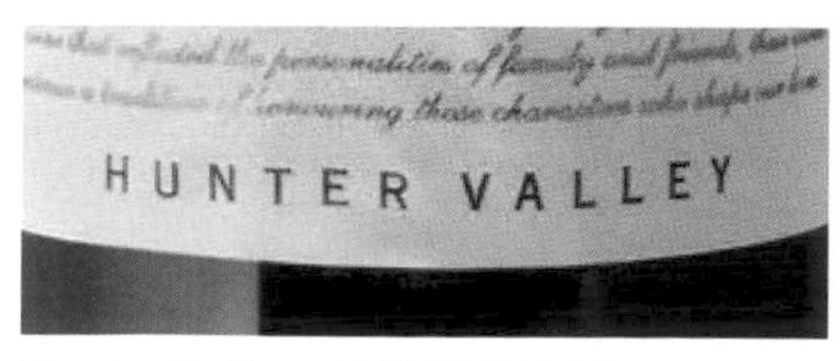

Hunter Valley ｜澳洲葡萄酒產區

59 發光發熱的澳洲 Shiraz

發光發熱的澳洲 Shiraz
Yalumba The Guardian Eden Valley Shiraz Viognier 2010

（建議搭上紅燒，或是醬燒的肉類）

在舊世界的葡萄品種，有些僅能當作一個配角，默默地在旁，守候著主角，但當這些配角到了異地，卻又能展現頭腳，發光發熱，像是南非的 Chenin Blanc，阿根廷的 Malbec，智利的 Carménère，更不要說，讓 Shiraz 發光發熱的澳洲葡萄酒了。

Syrah 原產自北隆河，葡萄顏色深，一般適合栽種於較溫暖的天氣，所釀成的葡萄酒顏色深紅偏黑，酒體濃厚且口感強勁。通常帶有紫羅蘭及覆盆子等紅色果味，成年後會有黑胡椒、黑色果乾、可可及皮革等成熟香氣。

而當 Syrah 被搬到澳洲時，叫 Shiraz，但澳洲最有名的 Shiraz，卻是種植在炎熱乾燥的南澳大利亞，與法國原產地隆河，有著明顯的不同。在澳洲的 Shiraz，尤其是產自 Barossa Valley 的 Shiraz，呈現的是奔放的果香，濃郁的酒體，與內斂的北隆河 Syrah，有著明顯的不同。

Yalumba The Guardian Eden Valley Shiraz Viognier 2010 是選用 Barossa Valley 東部的 Eden Valley 的 Shiraz，其中大約混了 3% 的 Viognier（來自北隆河的白葡萄品種）所釀製。

整支酒的顏色，是帶點黑的鮮紅色（很像是五爪蘋果的紅色），有著新鮮的森林莓果香，入口平滑，微甜；收口，有著蘋果的鮮甜味；單寧，不明顯，是一支好入口的酒，是一支很適合一般大眾的紅葡萄酒，搭餐，單飲，都很棒。（20190602）

酒是在「酒瓶子」買的。（20190602）

Label Keyword

Yalumba ｜酒莊

The Guardian ｜酒名

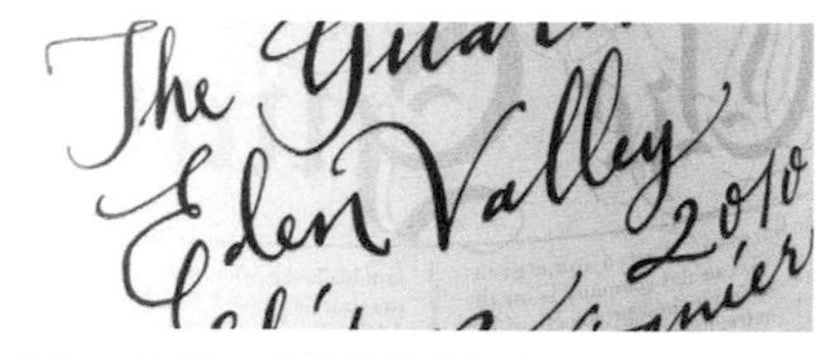

Eden Valley ｜澳洲葡萄酒產區

Shiraz ｜全球知名紅葡萄品種

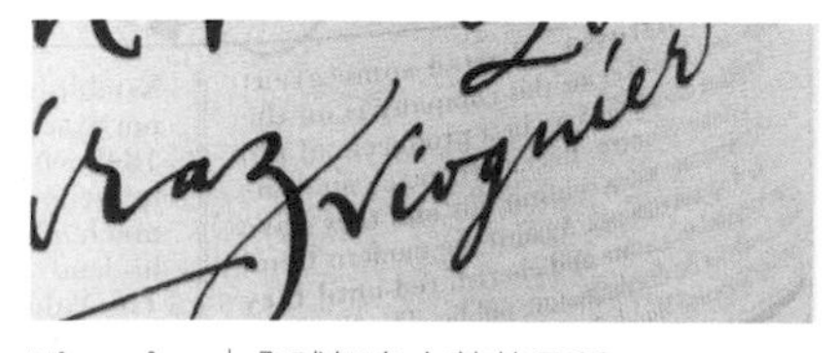

Viognier ｜全球知名白葡萄品種

60 搭著烤肉一起走的 Shiraz

搭著烤肉一起走的 Shiraz
Errazuriz Estate Series Shiraz

（搭烤肉吧！）

智利酒在台灣的普及，我想不用多說。

智利酒的崛起，我想很重要的因素在於「智利位於南美洲大陸西岸，介於安地斯山脈與太平洋之間，屬於地中海型氣候，夏天乾燥而不太炎熱；白天日照充足，晚上涼快，因此被很多土壤植物學家認為智利有很理想的葡萄生長環境，也因此吸引很多其他國家知名的酒廠到此投資。」而隨著釀酒技術的精進，再加上國際性的推廣，在台灣，我想，說到葡萄酒，一般酒友，第一個選項，我想應該是智利酒。

Errazuriz 伊拉蘇酒廠是創立於西元 1870 年，酒莊位於首都聖地牙哥北邊 100 公里的 Aconcagua Valley 產區。Aconcagua Valley 是智利最北的葡萄酒產區，氣候乾燥炎熱，照理說，天氣炎熱的地方，葡萄長不好；幸運的是 Aconcagua Valley 產區東邊的安地斯山脈會帶融化的雪水下來，而西邊的太平洋也會帶著冷空氣進來，因此能造就出優良的葡萄種植環境。Errazuriz Estate Series Shiraz 就是以 Aconcagua Valley 的 95% Shiraz、5% Viognier 混釀而成 。

這支酒的顏色紅偏黑，色澤濃郁；酒喝起來，有點重，但是還可接受，單寧也比一般的重，整支酒，仍然透露出厚實的智利酒的風格。這樣的酒，我覺得就是要搭大塊肉一起享用。嗯，中秋節的烤肉家聚，會是一個好選擇。

酒是「星坊」進口的。(20190601)

Label Keyword

Errazuriz | 酒莊

Shiraz | 全球知名紅葡萄品種

61
精品酒莊 Flaherty

精品酒莊 Flaherty
Flaherty Valle De Aconcagua 2015

（我會想搭日式燒肉）

Flaherty 是一個年銷售量僅有 4 萬瓶的酒莊，在智利是一個小而且獨立經營的酒莊。

也許是人們厭倦了大量生產的葡萄酒，也許是大酒商的壟斷，在智利，有越來越多有理想的精品酒莊（Boutique Wineries）成立，而且互相合作，成立了「獨立酒商運動組織 Independent Vintners'Movement (MOVI)」，而 Flaherty 酒莊是創始會員之一。

Flaherty 酒莊是由 Ed Flaherty 和 Jen Hoove 在 2004 年成立。事實上，Ed Flaherty 和 Jen Hoove 這對夫妻於 1993 年從美國加州來到智利參與了葡萄酒業，就一直留在智利從事葡萄酒事業。多年來，Ed Flaherty 參與了 Cono Sur，Errázuriz 和 Tarapacá 這些頂級葡萄酒廠的釀製工作。2004 年 Fleherty 酒莊開始釀製酒，在當年，Flaherty 是智利少數幾家精品葡萄酒廠之一。

Flaherty Valle De Aconcagua 是以 72% Syrah 為主，15% Cabernet Sauvignon 為輔，再加上少量的 Malbec、Tempranillo 與 Petite Sirah 所釀製。但是有趣的是，我在讀資料時，2016 的酒款，Malbec 卻由 Petite Verdot 所取代，我想這應該是莊主希望維持一定品質，所以換了一味葡萄吧！

此酒的顏色，深紅帶紫，有著莓果香與熟悉的李子蜜餞香，輕啜一口，酒不強烈不太甜，單寧也不重，是一支好入口的 Syrah 混釀酒。相對於一般熟悉的澳洲希哈，智利希哈，這支酒相對優雅細緻，是一支值得品味的酒。

酒是在「沛盈」找的。(20190602)

Label Keyword

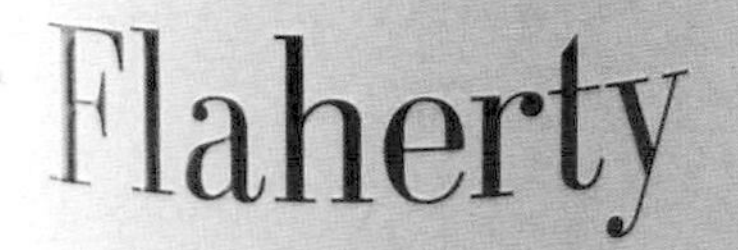

Flaherty | 酒莊

Valle De Aconcagua | 智利葡萄酒產區

62 過雙桶的葡萄酒 Jacob's Creek Double Barrel Shiraz

過雙桶的葡萄酒 Jacob's Creek Double Barrel Shiraz

（建議搭配烤肉）

Double Barrel，指的是過兩種橡木桶的概念！

過桶，一般指的是將酒放入橡木桶做熟成，一般在葡萄酒的釀製過程中，並不會特別強調這個部分；但是，在威士忌中，會特別重視這個部分。因為將威士忌放入橡木桶中後，當她在不同的橡木桶中，會呈現出不同的色澤，香氣與口感。像台灣著名的葛瑪蘭威士忌，就會有過 Sherry 橡木桶或是 Port 橡木桶的威士忌。而這支酒，Jacob's Creek Double Barrel Shiraz, Finished in Aged Whisky Barrels，應該是類似概念的產品。 Double Barrel 指的是過兩次橡木桶，Finished in Aged Whisky Barrels，表示這支酒，經過第一次木桶後，再放入威士忌酒桶中，作裝瓶前最後的熟成。

這支酒的顏色，呈現的深紅帶黑的顏色，酒的香氣，有著熟悉的澳洲希哈莓果香與木頭味；口感上，感覺較一般希哈來的渾厚些，並不內斂，也許應該叫做厚實；入喉後，單寧不太重，回口，有著一些燻烤的香氣，也許這是過了威士忌橡木桶所形成的味道吧！

我欣賞酒莊的大膽與創新，能將威士忌的工藝帶入葡萄酒的世界，雖然，對傳統的葡萄酒商來看，也許會將這樣的舉動，認為是離經叛道，但我卻覺得有創新，這個世界才會更有趣，更美好，不是嗎！

酒是在「家樂福」買的(20190601)

Label Keyword

Jacob's Creek | 酒廠

Double Barrel | 過雙木桶

Shiraz | 全球知名紅葡萄品種

Finished in Aged Whisky Barrels | 在威士忌桶熟成

63 奧地利紅酒 IBY Blaufränkisch

奧地利紅酒 IBY Blaufränkisch, Burgenland

(建議鴨肉料理，或是野禽類)

印象中 Blaufränkisch 是黑皮諾在奧地利的名稱，搞了半天，是我弄錯了。Blauburgunder 才是在奧地利黑皮諾的名稱，而 Blaufränkisch 是一個不同的葡萄品種。

Blaufränkisch 是奧地利一個重要的紅葡萄品種，主要以 Burgenland 產區最為著名。而 Burgenland 葡萄酒產區也是奧地利的主要葡萄酒產區之一，也是奧地利所有葡萄酒產區最迷人的一個。

Burgenland，位於奧地利的東南部，產區北邊是 Neusiedler See 湖，湖長 32 公里，湖水帶來的霧氣，讓湖邊的葡萄園，能產出香甜圓潤的貴腐甜酒。而離湖岸較遠的地區與 Burgenland 南部，則以 Blaufränkisch 釀製的紅葡萄酒為主。

Burgenland 葡萄酒產區，又分為 4 個產區，分別是 Neusiedlersee、Neusiedlersee-Hügelland、Mittelburgenland 與 Südburgenland。北邊的 Neusiedlersee, Neusiedlersee-Hügelland 以甜酒著名；而中部的 Mittelburgenland 與靠南的 Südburgenland，則以 Blaufränkisch 所釀製的紅葡萄酒為主。IBY Blaufränkisch, Burgenland，則是以 Mittelburgenland 的 Blaufränkisch，所釀製的紅葡萄酒。

IBY Blaufränkisch 呈現出深紅色，在燈光下，像寶石般的發亮；酒初聞，有著淡淡的焦糖味，但又帶點淡淡的酒精香；酒入口，是淡淡的甜味；入喉後，留下有淡淡的蘋果的香與味；酒體不重；此時，細細的單寧，在口中散開，有點辣辣的，微微的刺激感。我覺得他有點像 Burgundy 的黑皮諾，只是口感稍重一些，稍辣一些，搭上鴨肉，我想會是一個完美的組合。

酒是在「興華藏酒」拿的(20190519)

Label Keyword

IBY ｜酒莊

Blaufränkisch ｜奧地利紅葡萄品種

Burgenland ｜奧地利產區

64 深邃的 Trapiche Broquel Cabernet Franc

深邃的 Trapiche Broquel Cabernet Franc

（酒扎實，適合燒烤牛排）

認識波爾多酒，一定會認識 Cabernet Franc，因為波爾多酒，主要是三大主角所搭配形成，Cabernet Sauvignon、Merlot 與 Cabernet Franc。不過，嚴格來說，應該是兩大主角，Cabernet Sauvignon、Merlot；再搭上第一配角，Cabernet Franc。為啥？因為在波爾多酒裏，Cabernet Sauvignon 是酒的骨幹，Merlot 是口感，而 Cabernet Franc 扮演的角色，則是香氣。

而在法國，除了波爾多，還有一個以 Cabernet Franc 為主的紅葡萄品種，是在羅亞爾河，在這邊，Cabernet Franc，會以帶甜味的粉紅酒或是紅酒呈現，也許是氣候的關係，這邊的紅酒，相對於波爾多，會來的清淡些。

這回看到了阿根廷 Trapiche 酒莊的 Cabernet Franc，不禁很好奇的想要試一試。

這酒，一倒入杯中，就讓我驚訝？為啥？因為，酒呈現的是光線幾乎不能穿透的深邃紅黑色，這挑戰了我的認知，因為在法國，不論波爾多或是羅亞爾河，是不可能出現這樣的顏色，當下的直覺是酒很厚重；晃了晃酒杯，有著深邃的莓果味，卻又釋放出淡淡的糯米香，還有一些些礦物的味道；酒入口，不澀，微甜，但是酒體很重，或說，會感受到的是濃郁的酒體，很厚，很實，你完全無法忽略它的存在；那感覺，就好像是面對著一個不多話成熟，穩重的男人。當下的感覺只有一個，這酒要放，這酒要再放個 3-5 年，應該更能呈現出他的個性。

酒是「泰得利」進口的（20180923）

Label Keyword

Trapiche | 酒莊

Broquel | 酒名

Cabernet Franc | 全球知名紅葡萄品種

65 熱情外放的 Barocco Primitivo Puglia

熱情外放的 Barocco Primitivo Puglia

（很適合帶甜味又濃郁的江浙菜）

認識 Primitivo 是數年前，跟上海的飛行嗜酒師與流浪嗜酒師一起喝酒時，喝到的。當下的感覺是果香味重，口感濃郁，喝了甜美的一個葡萄品種。當天才學會，原來 Primitivo 跟美國的 Zinfandel 系出同門。不過，我覺得義大利的 Primitivo 相較於美國的 Zinfandel 紅葡萄酒，還是比較熱情，外放。不知是不是風土的影響？文化的影響？還是我心理作用的影響？

據傳，Primitivo 最早是由緋尼基人或是希臘人傳入，為義大利南部 Puglia 的主要紅葡萄品種之一。隨著現代化 DNA 的技術，才發現 Zinfandel 與義大利南部的 Primitivo 系出同源，都是來自克羅埃西亞的 Crljenak Kaštelanski。

Primitivo 紅葡萄，果粒較一般紅葡萄小，皮薄，單寧甜美，帶有更豐富的天然果糖與風味，是一種早熟的葡萄品種。在過去的義大利，Primitivo 多以與其他品種調和的方式釀造，但進入 21 世紀後，卻是以單一品種直接釀造的酒款為主。

Barocco Primitivo Puglia 是由 1907 年創立的 Campagnola 酒莊選用 Puglia 產區的 Primitivo 紅葡萄，以 100% 的 Primitivo 所釀製。

酒的顏色，呈現的是鮮紅帶紫色；酒的莓果香，不需搖晃，直接飄出口，清晰可辨；酒甜美，很像濃縮的森林莓果汁；回口，留下滿滿的森林莓果味；很甜美的酒，很適合帶甜味又濃郁的江浙菜；用果香搭上醬香，用酒體化解油脂，想想，口水都流出來了。

酒是「泰得利」進口的。(20190609)

Label Keyword

Barocco | 酒名

Primitivo | 全球知名紅葡萄品種

Puglia | 義大利葡萄酒產區

66 不需等待就能喝的 Nebbiolo

不需等待就能喝的 Nebbiolo
G.D. Vajra Langhe Nebbiolo DOC

（我會想搭日式燒烤）

講到 Nebbiolo，想到的就是義大利的酒王 Barolo 與酒后 Barbaresco，因為兩個都是以 Nebbiolo 所釀製，因此，在早期學酒的時候，總想試試 Barolo 或是 Barbaresco，只是當時的經驗都不太好，因為酒都很酸，很澀，酒體又薄，感覺沒啥味道；當時想不透，這樣的酒，怎會被稱之為酒王或酒后呢？後來隨著酒齡的增加，與經驗的累積，才搞清楚，傳統 Nebbiolo 的釀製，需要陳年，才能喝出味道；嗯。陳年，真的需要摳摳啊！

隨著社會的變遷，喝酒的人，也不一定願意等，因此，在 Nebbiolo 的原產地，也慢慢的發展出了新釀法，它的目的，就是希望讓消費者能早一點能喝到好喝的 Nebbiolo，而不再需要去苦苦地等待。

這次喝到的 Langhe Nebbiolo DOC, 2016，就是一支適合現在可以享用的好酒！

G.D. Vajra Langhe Nebbiolo DOC, 2016 的顏色，呈現的是紅偏黑的顏色，有點像是曬乾的紅棗顏色；輕輕晃了酒杯，聞到了甜甜的味道，甘草？枸杞？有點像是乾的藥草味；酒一入口，是香甜；隨後，酒的酸度慢慢在口中浮現，酒入喉後，舌面，留下的都是單寧，我記憶中 Nebbiolo 的感覺回來了！

多晃了幾回酒，酒的酸澀慢慢的減緩，再多喝幾口，感覺像是較有味道的蘋果汁，或者說，喝的時候是蘋果汁，但是，回口的淡淡單寧澀，卻又讓我再想多喝一口！

我想，這是我喝過年輕的 Nebbiolo 中，最好喝的一支！

酒是在「iCheers」找到的！(20181123)

Label Keyword

G.D. Vajra ｜酒莊

Langhe ｜義大利產區

DENOMINAZIONE D'ORIGINE CONTROLLATA
NEBBIOLO
2016

Nebbiolo ｜義大利著名的葡萄品種

67 西班牙黑皮諾 Mencia

西班牙黑皮諾 Mencia
Armas de Guerra Tinto Mencia

（建議搭台式海鮮熱炒）

第一次喝 Mencia 是 2011 年，Monica 請我喝的。當下的感覺，覺得那支酒，有點像黑皮諾，又不太像；事後，Monica 才告訴我，這個品種叫 Mencia。因為她知道我喜歡喝黑皮諾，而有人把 Mencia 稱之為「西班牙黑皮諾」，所以，他特別分享了這個品種給我。

Mencia 在葡萄牙稱之為 Jaén 紅葡萄品種，是一個遠自古羅馬帝國的古老葡萄品種，現主要分布在西班牙 Castile and León 裡的三個次產區，分別是 Bierzo、Valdeorras 和 Ribeira Sacra。其中以 Bierzo 是 Mencia 最重要的葡萄酒產區。

Bierzo 位於西班牙西北部，四面環山，地勢起伏多變，同時具有溫和的大西洋氣候以及溫差大的大陸性氣候特性。由於這個產區位於山區，且地形多變，因此影響葡萄生長的最重要因素是葡萄園所在的山坡海拔高度。

Armas de Guerra Tinto Mencia 是選自位於海拔 450 到 600 米高葡萄園的葡萄，採收後所釀製成。

這支酒的酒色清澈，透明，像蘋果般，略深的紅色；杯口，飄出的是新鮮的紅色莓果香，像草莓一般，其中，還夾雜了一點點新鮮的血味（鐵味）；入口滑順，沒有太多負擔，容易入口；留下的，是環繞口腔外圍的些微單寧澀。與印象中的 Mencia 差不多。

我喜歡這支酒的果香與滑順，我會把它拿來搭上台式海鮮熱炒，為整個飯局，增添風味。

酒在「愛買」買的。（20190830）

Label Keyword

Armas de Guerra ｜酒名

Mencia ｜ 全球知名紅葡萄品種

Bierzo ｜西班牙北部，葡萄酒產區

68 南非的特色紅葡萄酒 Pinotage

南非的特色紅葡萄酒 Pinotage
Nederburg 56 Hundred Pinotage

（適合家居或一般公司聚餐）

Pinotage 是南非的特色紅葡萄品種。這回，這本新書，Pinotage 還是要寫一下！

Pinotage，目前據說全世界除了南非以外沒有其他國家種植這種葡萄。Pinotage 是 Pinot Noir 和 Cinsault 葡萄的混合種，1925 年由 Abraham Perold 教授研發出來的，動機只因當時 Pinot Noir 在南非種植時，一直無法順利成長，但南非 Pinot Noir 釀的酒，卻有尊貴的顏色、香氣和口感。於是他把當時酒園裡的 Cinsault 與 Pinot Noir 交配繁殖，進而創出了，我們現在看到的 Pinotage。

Nederburg 56 Hundred Pinotage 2016 是由酒廠 Nederburg 所釀製，尼德堡（Nederburg）創立於 1791 年，是一個超過 200 年的老酒廠，主要的葡萄園，位於西開普敦（Western Cape），西開普敦，是南非最早的葡萄酒產地，至今，依然是重要的葡萄酒產區。

這支酒倒入杯中時，明顯的草莓香氣從瓶口飄出；酒呈現的是像櫻桃般，偏深的暗紅色；酒入口，微甜，不澀，還帶有著一些歐洲森林莓果與蘋果的味道；整支酒，算是容易入口。

如果你問我，有沒有『Pinot Noir 的特色』？

我想雖然他的莓果香氣與黑皮諾有點類似，但少了黑皮諾特有的酸味，口感上，也較黑皮諾來的重些，我想他也許比較像法國南部的 Grenache，也或許他的另一個雙親，『Cinsault』是來自法國南隆河，所以讓我有這樣的感覺吧！

酒在「家樂福」找的到。（20190815）

Label Keyword

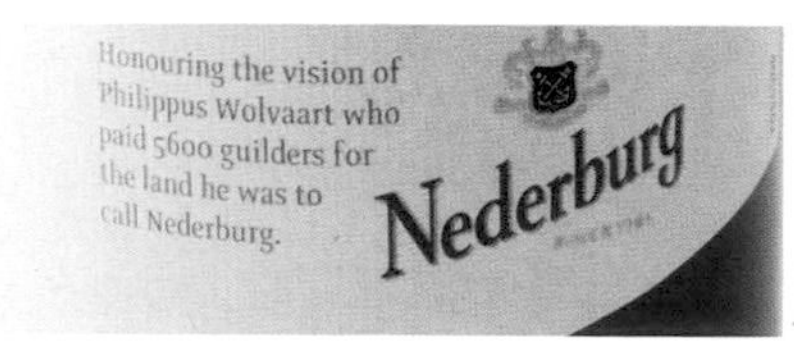

Nederburg | 酒廠

Pinotage | 南非特有的紅葡萄品種

69 在日本得獎 Saurus Malbec

在日本得獎的 Saurus Malbec

（適合日式居酒裡的燉煮菜）

下這個標，是因為他在日本得獎

想喝這支酒，是因為在酒標上看到「Patagonia」的字樣，這個我不認識的阿根廷產區。背標說：「這個產區是位於南緯 39 度，是阿根廷最南的葡萄酒產地。」

Patagonia 產區在阿根廷兩千年才開始開發的產區，在阿根廷來說，是相對年輕的一個葡萄酒產區。Patagonia 屬平原地形，位於南阿根廷，緊接 Mendoza 南部。她的特殊是這塊地，接的是智利的安地斯山脈，而不是阿根廷。這裡葡萄園的海拔高度約 1,000ft (300m)，與一般阿根廷動輒上千公尺，最高到 10,000ft (3000m) 有著明顯不同。

由於她地處南緯 39 度，她的天氣遠較 Mendoza 來的涼爽。

Saurus Malbec 就是採自這樣環境下的葡萄，所釀製。

這支酒，有著石榴般的鮮紅色，閃閃耀眼；初聞，散發的是新鮮草莓香，還帶了些礦物，鐵的氣息；入口，酒微酸，很像新鮮果汁的酸味；酒入喉後，回口卻是酸度所帶出的甜味；再加上，細細的單寧，由舌面中間，慢慢的向外擴散，是一種令人印象深刻的一種體驗。

我想我是喜歡這支 Malbec，也許是他的清新，乾淨；我想我可以體會為什麼她在日本會得獎，因為他不是濃郁的 Malbec，再加上屬於中度酒體，應該是適合搭上日式居酒屋的料理。

酒是在「愛買」買的。(20190817)

Label Keyword

SAURUS
MALBEC

Saurus | 酒名

SAURUS
MALBEC
PATAGONIA ARGENTINA

Malbec | 全球知名紅葡萄品種

Patagonia | 阿根廷葡萄酒產區

70 小而甜美的 Dolcetto

小而甜美的 Dolcetto
G.D. Vajra, Dolcetto d'Alba

（適合與知心好友在週末的夜晚共享）

Dolcetto 是義大利北部，Piemonte 常見的紅葡萄品種，Dolcetto 在義大利文中，代表的小而甜，我沒吃過 Dolcetto 葡萄，不知她是不是小小粒，吃起來帶甜的葡萄。

印象中，Dolcetto 所釀的紅葡萄酒，單寧低，有著迷人的果香，口感相對柔軟，容易入口；很適合葡萄酒新鮮人，或是一般的女性同胞；只是，好久沒喝 Dolcetto，不知是否還是印象中柔美的 Dolcetto ？

酒標上的 Dolcetto d'Alba，指的是在葡萄產區 Alba 附近，所栽種的 Dolcetto，所釀製的葡萄酒。

而酒標上，另外的字眼“Coste & Fossati”，代表的是葡萄園，一般在酒標上出現了特定葡萄園的字樣，代表的是這瓶酒，是以栽種於這個葡萄園裡的葡萄，所釀製的葡萄酒，當然，會放在酒標上，就代表酒莊對這塊地的葡萄，是有信心，且更能呈現這酒的風味。

酒一開瓶，倒入杯中，偏深紅，像是紅棗的顏色，比我想像中的顏色重；酒入口，好重，感覺酒體中度偏重，與過去喝的經驗有些不同；酒不酸，但是卻有著明顯的蘋果甜味；酒含在口中，可以感受到細細的單寧在口中摩擦的感覺，但卻是舒服的！酒入喉，口中留下的是甜美的感覺，令人感到愉悅，沒壓力，很棒的一支酒。

這支酒，好適合與知心好友，在週末的夜晚，端著一杯酒，聽著慵懶的爵士樂，靜靜的消磨一夜！

酒在「iCheers」找的到。(20181009)

Label Keyword

G.D. Vajra | 酒莊

Dolcetto | 義大利紅葡萄品種

Dolcetto d'Alba | 義大利葡萄酒產區

超級托斯卡尼 Mongrana ?

超級托斯卡尼 Mongrana ?

（建議搭義式紅醬料理或是 pizza）

什麼是「超級托斯卡尼」葡萄酒？

有人會說，是使用種植在托斯卡尼的外來品種，像是 Cabernet Sauvignon、Merlot 等所釀的酒；有人會說，是跳脫義大利 DOC 法定產區釀酒規範所釀的酒。

我在谷歌中，找到的這個，我覺得比較合理：「二次大戰後，義大利快速發展葡萄酒業，造成托斯卡尼 Chianti 的紅葡萄酒產量快速增加，卻因為品質良莠不齊，形成了市場上整個負面的影響；對在 Chianti 產區認真釀酒的莊園來說，覺得需要改變。而開第一槍的是「Antinori」酒莊，他於 1971 年推出了第一支超級托斯卡尼酒「Tignanello」，因為釀製方式不符合 DOC 法定產區規定，所以以 VdT（Table Wine）的等級上市，得到空前的成功。間接的，鼓勵了越來越多不同的酒莊，不再拘泥於傳統，釀造出更多精彩的葡萄酒。

Mongrana, Toscana IGT, 2015, 算不算超級托斯卡尼葡萄酒，我也不知道？但是廣義來說，她是以 50% Sangiovese、25% Merlot、25% Cabernet Sauvignon 混釀，而且不以 DOC 的方式標示，反以 IGT 的型態上市，從精神上，姑且稱為「超級托斯卡尼」葡萄酒吧！

這支酒呈現深紅色，新鮮莓果香明顯，完全有著托斯卡尼 Sangiovese 的神韻；酒喝起來，感覺是中等酒體，較一般 Chianti 濃一些，喝起來，也較 Chianti 甜美一些，也許是混了 Merlot 與 Cabernet Sauvignon 的影響。

我想超級托斯卡尼葡萄酒，想要強調的是突破傳統，跳出窠臼，這支酒，應該有達到這個目的吧！我猜：)

酒是「長榮桂冠」代理的。(20190615)

Label Keyword

Mongrana ｜酒名

Toscana IGT ｜義大利產區

Agricola Querciabella ｜酒莊

72

認識西班牙酒，從 Rioja 開始

認識西班牙酒，從 Rioja 開始
Ramón Bilbao

（適合搭西班牙 Tapas，火腿，海鮮飯）

認識西班牙酒，是從掛了一隻小公牛的 Torres 開始的。隨著酒齡的增長，慢慢的理解到，西班牙有很多酒，小公牛的 Torres 是來自 Penedès，而在台灣更常見的是 Rioja。

Rioja 位在西班牙與法國交界的庇里牛斯山山腳下，在歷史上是比法國波爾多的釀酒時間還要古老！在氣候上擁有多種的氣候條件，因而在 Rioja 形成了三個重要的產區。分別為上里歐哈 (Rioja Alta)，下里歐哈 (Rioja Baja)，里歐哈阿拉維沙 (Rioja Alavesa)。

Rioja 的釀酒紅葡萄品種，主要是以 Tempranillo 為主。Tempranillo 釀的酒，從色、香、味的角度來看，我認為界於 Pinot Noir 與 Cabernet Sauvignon 之間。如果跟 Cabernet Sauvignon 作比較的話，Tempranillo 的酒，顏色較淡些，偏棗紅色；香氣比較外放、果香比較明顯；口感較甜，不像 Cabernet Sauvignon 那樣的厚，也不像 Cabernet Sauvignon 那樣的澀。如果說 Cabernet Sauvignon 是盛妝、華麗裝扮的話，那 Tempranillo 就是自然妝扮的流露。

Ramón Bilbao Single Vinyard 是酒莊選自上里歐哈的 Tempranillo 與 Granacha 混釀而成。酒呈現是暗紅色，入口，酒體適中，不太重，沒有侵略性；酒有著肉桂，莓果的香氣；回口，有著鹹鹹礦物味的苦韻，而細細的單寧輕輕柔柔的留在口中；整支酒，是一支喝了舒服的好酒，好適合飯後，跟朋友在昏黃的燈光下，一起聊是非，一起品味的紅葡萄酒。

酒是「興華酒藏」推薦的。(20190615)

Label Keyword

Ramón Bilbao ｜酒莊

Rioja ｜ 西班牙產區

73 鮮美的加美 Domaine Robert Sérol Côte Roannaise

鮮美的加美
Domaine Robert Sérol Côte Roannaise Eclat de Granite, Loire, France

（想搭馬旦馬須的「藍莓豬肋排」）

從沒想過，會喝到，在薄酒萊之外，法國其他產區的 Gamay。只能說，讀萬卷書，行萬里路，喝那喝不完的酒；一邊旅行，一邊讀書，一邊喝酒；讓我們帶上幾瓶酒，一起去旅行。

當天喝這支酒時，看到了沒有肩膀的瓶身，又看了看產區，叫 Côte Roannaise；再看了中文背標，看到了品種 Gamay，就認為這支酒，是薄酒萊的 Gamay。喝完酒，回過頭，開始寫這篇文章時，才發現 Côte Roannaise 是位於羅亞爾河的中央葡萄酒產區，俗稱的上羅亞爾河產區。

以緯度來看，Côte Roannaise 算是羅亞爾河最南的產區，此區在 1955 屬 VDQS 等級，在 1994 二月，正式升格為 AOC 等級。釀酒品種，是單一紅葡萄品種 Gamay，產區以紅酒為主，粉紅酒為輔，大約每生產六瓶，紅酒就占了五瓶。

這支酒，在杯中呈現的是鮮紅的顏色，很像紅莓果汁般的顏色，很明亮；初接觸，第一道聞到的是巧菲糖的香甜味道，甜甜咖啡香，又有點牛奶味；晃了晃酒，再聞，是莓果香；酒入口，微甜，不澀，酒體不重，入口柔軟，很適合葡萄酒新鮮人，或是一般大眾的紅葡萄酒。

在跟酒友聊餐飲搭配時，突然讓我想起了馬旦馬須的「藍莓豬肋排」，也是這酒中的微甜藍莓香，讓我想起了這道菜，下回試試！

酒是「TWS」提供的。(20190202)

Label Keyword

Sérol ｜ 酒莊

Côte Roannaise ｜ 法國羅亞爾河產區

74 葡萄牙斗羅河葡萄酒 Barco Negro

葡萄牙斗羅河葡萄酒
Barco Negro, Douro, Portugal

（想搭上小羊排或是海鮮飯）

談到斗羅河，對酒友來說，一般想到的應該是西班牙的斗羅河紅葡萄酒。而談到波特酒，我想，酒友想到的會是葡萄牙的加烈型甜酒，只是不知道，酒友們知不知道，波特酒，也是產自斗羅河，只不過西班牙是斗羅河上游，葡萄牙在下游。

斗羅河（葡萄牙語：Douro，西班牙語：Duero）是伊比利半島上的一條主要河流。發源於西班牙北部索里亞省，自東向西，進入葡萄牙東北後，切穿了以花岡岩與板岩為主的山脈，蜿延而下，流經 Douro Superior、Cima Corgo、Baixo Corgo 三大區，沿岸葡萄園與酒莊無數，再切穿 Serro do Marao 山脈，最後自波多（Porto）流進入大西洋。

斗羅河有近 2000 年的釀酒歷史，產區的界定可上溯自 1756 年，是世上最古老的，且正式由官方機構管制的法定葡萄酒產區。

至於葡萄牙的葡萄品種，則多如牛毛，而且很多都是當地的原生品種，因此，葡萄牙的紅酒，都是以多種葡萄混釀居多，像這瓶 Barco Negro 2014, Douro, Portugal 就是由 Tinta Roriz (Tempranillo)、Touriga Franca 和 Touriga Nacional 三種葡萄一起混釀而成。

這支酒的顏色，呈現偏鮮紅色，在燈光下，很耀眼；雖然是五年的酒，但是聞到的仍是新鮮的莓果香；酒體不重，帶酸度，很容易入口；與西班牙斗羅河紅葡萄酒的厚實感，有著明顯的不同；我會想要用這支酒帶酸的平衡感，去搭上小羊排或是西班牙海鮮飯，去呈現小羊排的鮮嫩，襯出西班牙海鮮飯的鮮甜。

酒是「ＴＷＳ」提供的。（20190622）

Label Keyword

Barco Negro ｜酒莊

Douro ｜ 斗羅河

75 一酒莊 一產區 Dehesa del Carrizal MV

一酒莊，一產區 Dehesa del Carrizal MV

Dehesa del Carrizal 來自西班牙的酒莊，酒莊成立於 1987 年，位於西班牙首都馬德里的托雷多古城（Toledo）西南方的 Cabañeros 國家公園，是最早開拓 Toledo 山麓葡萄園的先驅，也是 1994 年的美食葡萄酒指南（Guía de Vinos Gourmets）中，評選為西班牙十大最佳葡萄酒之一。

Dehesa del Carrizal 酒莊比較特別是，他不使用西班牙當地品種釀酒，他只種植並釀造國際品種的葡萄酒，這樣的特性在西班牙的酒莊中是少見的，是特立獨行的。二是它的葡萄園位於 Toledo 山脈的 Raña（山腳與平原交集的地方），有著得天獨厚的風土，酒莊採用傳統的葡萄種植法，配合乾燥且溫和的地中海型氣候，使園內的葡萄成長期得以拉長，因此得以種植出成熟度極佳，飽滿豐盈的果實。由於其獨特且得天獨厚的自然環境，所釀造的酒品質非常優良，也讓西班牙官方破例將 Dehesa del Carrizal 的所在地，設為單一法定產區（Vino de Pago），並以酒莊名稱為這個產區命名，成就了其「一酒莊即一產區」的偉業。

Dehesa del Carrizal MV 2013 是以 Syrah、Merlot、Cabernet Sauvignon，再加上 Tempranillo 一起混釀而成。

這支酒雖然已經 6 年了，但是喝起來卻是年輕，柔美；莓果的香氣撲鼻而來，入口平和，回口甜美，沒有太多的單寧，但卻又有很淡很淡的單寧味；很像是一個甜美的年輕女生，是一支值得細細品味的紅葡萄酒。

酒是跟「醴酩」拿的。(20190623)

Label Keyword

MV | 酒名

Dehesa del Carriza | 酒莊暨產區

76 西西里島 Cusumano Nero d'Avola

西西里島 Cusumano Nero d'Avola Terre Siciliane IGT, Sicily

（建議偏甜口的江浙菜）

Cusumano Nero d'Avola Terre Siciliane IGT, Sicily，來自義大利西西里島的紅葡萄酒。

西西里島是地中海最大的島嶼，也是義大利的一個自治區，更是義大利葡萄酒產量最大的產區之一，年產量高達 80,730 萬升。

該產區屬典型的地中海氣候，常年陽光普照，雨量適中，十分適合葡萄的生長。境內大部分為山地，火山活動十分頻繁。東北部有歐洲最高的活火山——埃特納火山 Mount Etna，這座火山帶來了富含礦物質的深色土壤，賦予 Mount Etna 葡萄酒鮮明的個性。產區西部的火山活動並非那麼地頻繁和激烈，但同樣影響著該區的土壤類型。在這些風土條件的綜合作用下，該產區不僅是穀類、橄欖和柑橘類水果的生長地，更是葡萄種植的絕佳之地。

西西里島產區最具潛力的紅葡萄品種是黑珍珠（Nero d'Avola）和馬斯卡斯奈萊洛（Nerello Mascalese），前者能釀造出豐潤而結實，且帶成熟紅色水果風味的酒款，後者是釀造艾特納紅葡萄酒和一些細緻汽泡酒的原料。

Cusumano Nero d'Avola Terre Siciliane IGT 就是由 100% 的 Nero d'Avola 所釀製。這支酒具有深邃的紅色，酒色重，不太透光。酒入口，有著蘋果甜的滑順，伴隨著玫瑰，藍莓的果醬香，單寧不重；入喉後，細細的單寧沾附在上顎，整支酒，滑順好入口，很適合偏甜口的江浙菜。

酒是「TWS」進口的。（20190202）

Label Keyword

Cusumano ｜酒莊

Nero d'Avola ｜西西里島紅葡萄品種

Terre Siciliane IGT ｜西西里島產區

77 喝過 Chianti，試試 Chianti Superiore

喝過 Chianti，試試 Chianti Superiore
Usiglian del Vescovo Chianti Superiore 2013

（我會搭著夜市小吃或是台菜）

說到義大利酒，我想大多數人想到得會是 Chianti，或許是托斯卡尼太美，或是黑公雞的圖騰容易辨識吧！

Chianti 位於義大利中部的托斯卡尼，是義大利的明星葡萄酒產區，也是全球的知名葡萄酒產區。而這產區的葡萄酒品種是以 Sangiovese 為主，她的特色在於酒的顏色像櫻桃紅，清澈透明，酒體清淡柔和，果香濃，微甜，容易入口而聞名。不過說到 Chianti 產區，卻還是會區分為 Chianti Classico、Chianti 與 Chinanti Superiore，有點複雜齁！我也覺得。

Chianti Superiore DOCG 葡萄酒，主要產於 Arezzo、Florence、Pisa、Pistoia、Prato 和 Siena 等地。“Superiore”代表這種葡萄酒比一般 Chianti 葡萄酒有著更嚴格的生產規定。其釀酒葡萄主要來自 Chianti 產區，但不可採用 Chianti Classico 的產區葡萄。Chianti Superiore 葡萄酒陳年時間是按照採摘後的次年 1 月開始計算，至少需陳釀 9 個月（3 個月的酒瓶陳釀）才能上市。

講完了，有沒有搞懂！不管了，喝酒。

Usiglian del Vescovo Chianti Superiore 2013 的酒色，是帶黑的櫻桃紅，酒混著花香與黑醋栗的果香，卻又帶著些許的草味。酒體適中、入口柔順，有著蘋果甜卻又夾雜著梅子蜜餞的酸味，是一支容易入口的餐酒，而這樣的酒。我想很適合在即將結束的夏夜裡，搭著夜市小吃或是台菜，將會為用餐情境加分，進而創造出另一種怡人的用餐氛圍！

酒是「興華酒藏」進口的（20190609）

Label Keyword

Usiglian del Vescovo ｜酒廠

Chianti Superiore ｜ 葡萄酒產區

78 新鮮甜美的北義混釀 Langhe Rosso

新鮮甜美的北義混釀 G.D. Varja, Langhe Rosso DOC 2016

（容易入口，可以為一般家常料理加分）

會下這標題，真的她就是一支用了多種紅葡萄混釀的葡萄酒，而且是以北義主要的三大品種，Nebbiolo、Barbera 和 Dolcetto；資料上還說還混了點少量的 Freisa、Albarossa 和 Pinot Noir。

其實這樣的混釀方式，對我說是少見的，其原因倒也單純，因為在北義大利 Piemonte 產區，我喝過的，大多數都是單一品種為主，Nebbiolo 通常出現在 Barolo, Barbaresco；而 Barbera 則是 Piemonte 產區種植最多的紅葡萄品種，一般著名的產區是 Barbera d'Alba、Barbera d'Asti，而 Dolcetto 也是 Piemonte 產區另一個著名的品種，一般熟知的產區就是 Dolcetto d'Alba，而這些產區，用單一品種的紅葡萄酒，我都喝過；但，當看到這支 G.D. Varja, Langhe Rosso DOC 2016，主要以 Nebbiolo、Barbera 和 Dolcetto，做的混釀，不禁勾起我的興趣，這會是一支什麼樣的酒？會是一支綜合了 Nebbiolo 的色澤，Barbera 的甜美與 Dolcetto 果香的一支酒嗎？

酒倒入杯中，在燈光下，像小紅莓果汁般的紅寶石色，閃亮，耀眼；酒入口，很柔，很順，完全可以無負擔的滑入口中；而入口的感覺，有點像是喝莓果汁般的香氣，留下的餘韻，是像蘋果汁般的香甜；整支酒，是柔美的，香甜的，卻是有個性的。

我想，這支酒，我會跟朋友，在秋天的晚上，吃過飯後，在昏黃的燈光下，一起分享的一支酒。

酒在「iCheers」可以找到。(20181028)

Label Keyword

G.D. Varja ｜酒廠

Langhe ｜ 義大利產區

Rosso ｜紅酒

CHAPTER.05
甜酒

甜甜蜜蜜葡萄酒

79 智利晚摘甜白葡萄酒 Viña Casablanca Late Harvest

80 加拿大晚摘甜酒 Pilliteri Select Late Harvest

甜甜蜜蜜葡萄酒

什麼是葡萄甜酒？

葡萄甜酒，是指喝起來口感帶甜的葡萄酒。

而葡萄酒的甜味從哪裡來？葡萄酒，是由葡萄裡面的糖分轉換成酒精，而當酵母停止發酵後，沒轉化成酒精的糖分，就會留在酒裡，讓葡萄酒喝起來有甜甜的感覺。而這類的葡萄甜酒，有四大類，一種是一般的甜葡萄酒，一種是晚摘甜酒，另一種是貴腐甜酒，而最後一種是冰酒。

而除了這四種甜酒外，還有一種是加了白蘭地到酒裡的加烈甜酒，像是波特或是雪莉。這些酒的不同點，分別敘述如下：

一般甜葡萄酒

在葡萄酒發酵過程中，讓酵母停止發酵後，而沒轉化成酒精的糖分，就會留在酒裡，讓葡萄酒喝起來有甜的感覺，一般最常見的是義大利的 Moscato d'Asti 或是美國加州的 White Zinfandel。

貴腐甜酒

所謂的貴腐甜酒，是釀酒葡萄成熟之後，並不採摘，反而將葡萄留在葡萄藤上，讓貴腐黴菌（Botrytis Cinerea 或 Noble Rot）在葡萄皮上滋長；而長在葡萄皮上的細長菌絲，穿越葡萄皮吸取水分與養分。在遇到午後乾燥的多風天氣時，葡萄內的水分透過數以萬計由菌絲穿透的小孔蒸發出來，脫水濃縮成貴腐葡萄。而經過這個形成過程的葡萄，不僅糖分含量更濃縮，同時葡萄的酸度也提高，進而形成特殊的貴腐葡萄香氣。而使用貴腐葡萄釀的酒，稱之為貴腐甜酒。

晚摘甜酒

所謂晚摘甜酒，是將葡萄留在葡萄藤上進行自然風乾，待葡萄在藤上變乾、糖分得到高度濃縮之後再收穫，這樣就可以用其釀造出高甜度的葡萄酒。

冰酒

在加拿大、德國和奧地利，有時健康的葡萄會被留在葡萄藤上，直到冬天葡萄中的水分結冰以後再進行採摘。採摘結束後，葡萄還需在冰凍的狀態下進行壓榨，這樣可以除去葡萄中結冰的水分，只留下用於釀酒的濃縮葡萄汁。這些濃縮葡萄汁有很高的糖分、酸和各種風味物質，所以接下來的發酵過程會進行得非常緩慢，可能要耗時數月，如此才能釀成酸度極高、酒體飽滿且具有糖漿般甜度的冰酒。

加烈甜酒

所謂的加烈型甜酒，是指在釀造過程中加入白蘭地，藉由高度酒精的濃度，終止酒的發酵，保留酒中的糖分，產生甜味。常見的加烈甜酒包含波特酒，雪莉甜酒。

79 智利晚摘甜白葡萄酒 Viña Casablanca Late Harvest

智利晚摘甜白葡萄酒 Viña Casablanca Late Harvest

（適合搭檸檬派，蘋果派）

新世界的葡萄酒，較少見到甜葡萄酒，個人的猜測是因為酒廠釀酒的主力，多集中在紅葡萄酒，接著是白葡萄酒；因此，多數選擇葡萄園會選在適合釀製紅葡萄酒或是白葡萄酒的產區；而晚收葡萄甜酒或是貴腐甜酒，是必須在一般葡萄採收季節過後，將葡萄留在葡萄藤上，等到葡萄甜度夠高，才能採收釀製；因此採收時間，會跟當地的天候，有著直接的關係。不過，這幾年，慢慢地，我在台灣，發現了一些智利的晚摘甜白酒。

Viña Casablanca Late Harvest 是來自智利的 Viña Casablanca 酒廠。這支酒的葡萄，是選自智利卡薩布蘭加河谷的單一葡萄園，這個葡萄園，位於山谷西部邊緣，是最靠近太平洋的葡萄園，所以有著較為涼爽的夜晚，可舒緩典型的夏日高溫，因而讓葡萄有較長的成熟期，進而能累積出足夠的糖分，釀製出甜葡萄酒。

這支酒的顏色，屬金黃色；直接飄出的是荔枝的香甜氣；酒入口，感受到的是蜂蜜的甜味，而後，散發出的是微微檸檬的酸味；酒，不重，算爽口；以一般的甜酒來說，她算是相對輕盈的甜白酒；不知是否是因為她所在地區氣候較熱的關係，所以釀出了相對冷地方較淡的甜酒？

這支酒，我覺得，在夏天的午後，搭上一些帶著酸味的甜品，應該是很棒的選擇！

酒是在「愛買」買的。(20181208)

Label Keyword

Viña CASABLANCA ｜酒廠

Late Harvest ｜ 晚摘

Valle de Casablanca ｜智利葡萄酒產區

80

加拿大晚摘甜酒 Pilliteri Select Late Harvest

加拿大晚摘甜酒 Pilliteri Select Late Harvest Vidal 2015

（適合拿破崙派或 Cheese Cake）

雖然甜酒不是我的菜，但是一支好的甜酒，在您酒足飯飽之後，來上一杯甜酒，總是讓人有一種幸福的感覺！

不過意外的是，這支酒，我喝到的不是加拿大冰酒，而是加拿大晚摘葡萄甜酒。

講到加拿大甜酒時，我想絕大多數的人想到的應該都是冰酒。所謂冰酒，就是「用結冰葡萄釀造出來的葡萄酒」。

有意思的是，這次我喝到的甜酒是來自加拿大的 Pilliteri Select Late Harvest Vidal 2015，什麼是 Late Harvest ？ Late Harvest 是指釀製這支酒的葡萄是新鮮且未經結過冰的葡萄所釀製，很有意思！因為，以加拿大如此寒冷的天氣，我從沒想過，他也能釀製出晚摘甜葡萄酒，因為以前只喝過加拿大冰酒，而沒喝過加拿大晚摘甜葡萄酒。喝吧！

這支酒的顏色，呈現出的是偏黃的琥珀色；輕輕地聞了聞，甜甜的蜂蜜香氣由杯中飄出，但沒有豐厚濃郁的感覺；酒喝起來，不厚重，但只有甜味，卻沒有感受到任何酸度；整體口感，我覺得還行，因為雖然酒不帶酸，但因為酒體不屬於濃郁型的，所以我覺得還行，因為我不愛喝「過甜」的甜白酒。

整支酒，我覺得搭上帶香甜奶油的甜點，像是拿破崙派或是一般的奶油蛋糕，我想，應該都是不錯的選項。

酒是在「家樂福」買的。(20181208)

Label Keyword

Pillitteri | 酒莊

Late Harvest | 晚摘葡萄

Vidal | 全球知名白葡萄品種

CHAPTER.06
跟著浪子喝酒趣

歡樂ＫＴＶ
春遊
魚水之歡？水乳交融？
「她」是「安陵容」？ 還是「靜妃」？
My Fair Lady（窈窕淑女）？
到曼谷喝泰國葡萄酒

歡樂 KTV

數十年不見的小學同學，約了要辦一個同學會。聚會從餐會，到舞會，最後決定要來一個歡樂 KTV，只因，有人想唱歌，有人想回憶我們的舞會時代，所以 KTV 是最好的選項。

既然是歡樂 KTV，那適量的發酵果汁，幫聚會加點溫，自然是跑不掉的。鑒於一群人，都是屬於相對資深的社會公民，我們還是挑一些相對溫柔，不要發酵過頭，酒精度較低的葡萄酒，為我們的趴，增添一些色彩。

KTV 趴的葡萄酒，怎麼挑？

KTV 要的是歡樂，KTV 的環境是熱鬧，因此 KTV 的酒，要的是簡單，易飲，容易入口，而不需要變化多，要靜下心來品的複雜酒。基於這個原則，我挑了三支酒。

第一支是粉紅 Cava, Reyes de Aragon，挑 Cava 汽泡酒，是因為汽泡酒，總是讓人感到歡樂的氣息，而特別挑個粉紅色，只因紅色，對我們來說，總是代表著節慶的顏色，一個數十年不見的同學聚會，當然要挑個粉紅酒，來慶祝一下囉！

第二支是羅亞爾河的 Le Grand Caillou, Patient Cottat, Chenin Blanc，羅亞爾河的 Chenin Blanc，通常是擁著瓜香，酸中帶甜的葡萄酒，喝起來的感覺是清爽，容易入口。而挑這支酒，很單純，就是因為他的酸中帶甜，喝起來清爽，容易入口。

第三支是來自薄酒萊的 Beaujolais-Villages, Georges Duboeuf，薄酒萊的酒，以Gamay紅葡萄所釀製，酒款喝起來，通常有著莓果香，花香，口感上單寧較柔軟，喝起來，較沒負擔，準備一些，讓喜歡喝紅酒的同學，可以快樂的暢飲。

眼尖的讀者，可能發現照片中還有第四支酒的存在。是的，第四支是在計畫外的葡萄酒。第四支是來自義大利產區 Asti 的微汽泡酒，Christmas Asti，這支酒，應該是酒商為了節慶聖誕節，所特別準備應景的一支酒。而我買了之後，都忘了。而開趴的前幾天，酒商通知酒到了，於是就帶了幾支，為我們的聚會，增添一些聖誕節的氣氛！

未成年請勿飲酒，喝酒請勿開車。

CAVA
REYES
ARAGON
Imperial
BRUT
ITALIA
ITALIAN
CHRISTMAS
Asti
DOLCE
Le Grand Caillou
Chenin Blanc
2013
2013
GEORGES
DUBŒUF
BEAUJOLAIS-VILLAGE

春遊

到了春暖花開的季節，曬到了暖和和的太陽，總是想逃離台北，到郊外去踏青；看看花，踩踩草皮，再喝上一杯帶著青春洋溢氣息的葡萄酒，除了滿足之外，總是會讓人感到有著小小的幸福！幸福在哪裡，在我們的腳上，在我們的行動裡。於是，跟著老友，我們決定追逐這小小的幸福，在青年節前夕，到集集，踏青去！

當然，跟著「浪子」一起出遊，怎可無酒，只因「葡萄酒就在我們的生活裏，可以為我們的生活添些色彩，增添樂趣」，因此我挑了兩瓶「仟元內值得喝的葡萄酒」，共襄盛舉。

由於考量出遊日是春天，且在戶外，因此特地挑了兩支帶有春天感覺的葡萄酒，一白，一紅；分別為

TOPF Gelber Muskateller Strass im Strassertal 2015

McManis, Pinot Noir, California

選用的原因，除了這兩支酒有春天的感覺外，另外還考量到 TOPF Gelber Muskateller Strass im Strassertal 2015 有著淡淡的芒果香，喝起來酒體輕柔，不酸，很適合在太陽下飲用

而 McManis，Pinot Noir，California，有著豐富的莓果香，尤其是草莓味，會讓人有冬去春來的感覺，再加上入口後的微甜，總會讓人有一種小小的幸福感；唉呦，寫著寫著，好想讓時光倒流，再去一次！

照片中間是一支 Alsace 的 Riesling，酒友帶的；入口後的尾韻是帶甜的感覺，放在兩支酒的中間，剛好是絕配！

未成年請勿飲酒，喝酒請勿開車。

TOPF
Gelber Muskateller
NIEDERÖSTERREICH
ALSACE
Appellation Alsace Contrôlée
BOTT FRÈRES
FONDÉ EN 1835
Riesling
2014
McMANIS
FAMILY VINEYARDS
PINOT NOIR

魚水之歡？水乳交融？

MÁD Furmint 2014 vs 法國生蠔 ＝魚水之歡？水乳交融？。。。？

Furmint 是匈牙利的白葡萄品種，也是釀製著名的匈牙利甜酒，Tokaji 的主要白葡萄品種，因此在腦袋裡，沒想過 Furmint 也能釀製不甜的白葡萄酒 (Frumint Dry)。第一次喝 Furmint Dry，是三，四年前，在深圳，跟著深圳一哥 Jackie 一起喝的 Dominium Tokaji Harslevelu Dry（如果沒記錯的話）。當時喝的印象是，有著淡雅白花香氣的白葡萄酒，酒挺酸的，且非常不甜。這回，第二次喝，還是跟深圳一哥 Jackie 喝，只不過，酒是由 Tokaji 王子，Jack 所提供的 MÁD Furmint 2014。

MÁD Furmint 2014 是以位於 Tokaji 產區裡的 MÁD 村莊種植的 100%Furmint 所釀製。

MÁD Furmint 2014 所呈現的感覺，跟之前喝的 Dominium Tokaji Harslevelu Dry 印象蠻像的，只是感覺，酒體更乾淨；特殊的是，回口完全沒有任何的甘與澀，與一般白葡萄酒有著明顯的不同。

席間，我們點了一條烤魚，當然，有魚，有白葡萄酒，一定要玩一下 " 結婚 " 。

有趣的是，MÁD Furmint 2014 跟烤魚搭在一塊，魚肉一樣好吃，但是魚肉變得相對 " 柴 " 了，但酒卻變甜了，很奇妙！

這時，Tokaji 王子，Jack 提供他的專業建議，他強烈建議我們要搭上一顆生蠔，感受一下。而且根據他的經驗，Furmint Dry 是最適合搭生蠔的白葡萄酒。這時，被說得，我這非常不愛生蠔的人，決定犧牲一下，點了一顆生蠔。

MÁD Furmint 2014 ＋法國生蠔，一入口，這感覺是，

魚水之歡，水乳交融，。。。？

我想如果各位看官有機會的話，一定要試試，就知道，我為什麼用「。。。」了！

MÁD
MÁD
TOKAJ
MÁD
TOKAJI FURMINT SZÁRAZ FEHÉR BOR
TOKAJI FURMINT DRY WHITE WINE
2014

「她」是「安陵容」？還是「靜妃」？

「她」是「安陵容」？　還是「靜妃」？

這幾年若是有追大陸劇的人，應該知道「安陵容」是「後宮甄環傳」裡的一個人物？而「靜妃」是「瑯琊榜」裏「靖王」的母親，兩者其實並無關聯，只是...

只是，酒喝了，她就有關聯了：P

話說，上週跟幾個酒友一起喝酒，席間帶了一支來自美國 Oregon 的黑皮諾，叫「Erath Oregon Pinot Noir」。開了瓶，大家邊品，邊分享彼此的感受。

我說：「這酒蠻不錯的，有著黑皮諾特有的香氣；酒入口，順順的，還不錯喝；只是，這酒感覺軟軟的，個性不太明顯，要怎麼說哪？

酒友 Alex 說了：「啊，以前大家不都是會學『神之雫』，用『人』，用『天氣』，用『情境』等等，來形容酒嗎？那，這支酒像什麼？」

像？像？

酒友 Vanessa 說了：「啊，啊！我知道，這酒很像『後宮甄環傳』裡的那個誰？那個跟甄環同時期進宮的？」

「沈眉莊？」

「不是啦？」

「是那個，是那個，『安陵容』啦？」

「安陵容，為什麼？」

「嗯，就長還不錯，個性，家世都相對弱勢，只能跟著別人的想法走，不敢有太多的意見。」

「嗯，嗯，有道理，但應該是年輕的安陵容？」

「對，對，對，是年輕的安陵容。」

大家瞎哈拉，哈出了一個安陵容：）

只不過，這酒，喝著喝著，變濃郁了，單寧慢慢地出現，酒變得較為厚重了！

走之前，大家覺得「她」已經不是「安陵容」了；那，她是誰？當天，大夥留下了一個懸念？

隔天早上，我突然想起了「瑯琊榜」裏的靜妃！

在劇中，靜妃剛開始，看起來，也是屬於柔柔弱弱，逆來順受的樣子；只是後來，隨著劇情的發展，慢慢的變得剛毅，有深度；只是不知，當天一起喝酒的朋友，是否認同我這樣的想法，不管了，就當她是「靜妃」；反正，開心就好！

未成年請勿飲酒，喝酒請勿開車。

My Fair Lady (窈窕淑女)?

My Fair Lady(窈窕淑女)?

不知各位看倌是否看過一部電影,My Fair Lady(窈窕淑女)?

My Fair Lady 跟這支酒 Beaujolais Villages 2002,Labouré-Roi 有啥關係?且讓我們繼續看下去。

話說,今年年後,到 Wine Café 跟兩個學弟,深圳葡萄酒一哥 Jackie 與 Wine Café 的 Adrian 聊聊是非,順便就把這支酒,Beaujolais Villages 2002,Labouré-Roi 給喝了!

對很多喝酒的人來說,應該很少人會去喝薄酒萊(Beaujolais)老酒,其最可能的原因,也許是薄酒萊給人的刻板印象就是,喝薄酒萊酒要喝薄酒萊新酒(Beaujolais Nouveau)。薄酒萊新酒,喝的是新鮮,所以,想當然爾,薄酒萊的酒,不耐放,老酒不能喝,....

其實,薄酒萊產區,也有很多適合陳年的特級酒區,像是 Brouilly,Morgon,Moulin-a-Vnet,.... 等等

而 Beaujolais Villages 2002,Labouré-Roi 屬薄酒萊村莊級的紅葡萄酒,以分級制來看,較上述的特級產區會低一級,但是卻是比入門的 Beaujolais A.O.C. 高一等級。嗯,以這樣來判斷,已經 15 年的薄酒萊村莊級老酒,酒是能喝不能喝呀?!

酒一開瓶,倒入杯中,第一眼看到的就是褐色帶橘,就是書上形容的老酒顏色;晃了晃杯,先聞到的是葡萄乾的香氣,卻慢慢的轉到了我熟悉的老酒味,台灣龍眼乾的味道;酒入口,微微的酸味,不刺激,酒體偏薄,應該是老酒的關係;酒入喉後,口中留下淡淡的甜味。

Jackie 說:「這支酒,好有精神,很像是一個身形消瘦的傴僂老嫗,卻有著一對炯炯有神的雙眼。」

隨著時間的流轉,酒的酸味,慢慢的消逝,取而代之的,卻是淡淡的蘋果香甜;酒也由褐色帶橘,轉成了,深而帶黑的紅色。

Jackie 接著說:「這支酒,好好玩,這個老婆婆,腰桿慢慢挺直了,越來越有精神,越來越有精神,老婆婆,變得越來越年輕了。」

突然間,我想起了 My Fair Lady(窈窕淑女)中的女主角,奧黛麗赫本(Audrey Hepburn)。

問了 Jackie 與 Adrian，竟然都沒看過這部電影，一個小五歲，一個小一輪，我們的代溝有這麼大嗎？唉！回來話題。

在窈窕淑女中的奧黛麗赫本，飾演的是在二十世紀初，從鄉下到倫敦的粗俗賣花女，因緣際會，經由一位語言學教授的調教後，竟搖身一變，成為一位能躋身上流貴族社會的大家閨秀的故事。

會有這樣的感覺，只是覺得，這支酒的口感，由微酸，轉至回口的甜香；顏色由褐色帶橘，變換至‘深紅帶黑’所引發的聯想吧！

好啦，不管兩位學弟認不認同我的聯想，就這樣！喝酒，快樂就好！

到曼谷喝泰國葡萄酒

到曼谷，喝泰國葡萄酒

過年走了一趟泰北，回程在曼谷轉機，終於喝到了泰國的葡萄酒。

這幾年，每一次拜訪泰國，都會試著尋找泰國的地酒，不過泰國市面上，泰國葡萄酒，還是並不多見；要嘛，是要拜訪酒莊；要嘛，要在內陸線的機場，才發現的到，泰國的當地葡萄酒。這次，是在曼谷的 Red Sky 餐廳喝到的。

GranMonte 位於曼谷東北方 160 公里的地方，葡萄園位於海拔 350 公尺的山上；我猜，也許因為在山上，氣溫相對較低，所以釀酒葡萄才能熟成吧！

餐廳裡，GranMonte 只有一紅一白，我決定都要試；反正，其他的法國，義大利，美國，澳洲葡萄酒，到處都有，這回到泰國，當然要試試地酒囉！

GranMonte Verdelho, Asoke Valley 2017 是選用 Verdelho 白葡萄品種所釀製。 Verdelho，品種原產於葡萄牙，卻因為是釀製馬德拉（Madeira）酒，因而聞名於世。喝這支酒，第一個反應是熟蘆筍的味道，而後緊接的是青瓜的香氣；入口不酸，酒體略重，對我來說，算是屬於口感圓潤的酒。也許是酒精的關係，入喉後，口中留下由舌尖向外散出，辣口的感覺。

GranMonte Heritage, Syrah Viognier, 2014，倒是選用了法國北隆河的主要白葡萄 Viognier 與紅葡萄品種 Syrah，混和釀製而成，當然，因為是紅酒，Syrah 是當然的主角，而 Viognier 則是配角。這支酒，一開瓶，就有著明顯的咖啡香氣，跟在後面的，則是混著莓果香的酒精的香氣。酒入口算甜，酒體不重，像果汁般的容易入口，入喉後，留下的是包覆著舌頭的纖細單寧，隨手搭上一顆黑橄欖，酒變的更柔軟， 更容易入口。

當天，我們點了一個 " Love to Share "，其中包含了龍蝦，干貝，肋眼，小羊排等等，也許是搭上地酒，也許是在異地，酒與食物，讓當晚變得更美好；也為我們的旅程，畫下了一個完美的句點！

曼谷，下次見！

GranMonte
asoke valley
Verdelho
2017
750

仟元內值得喝的葡萄酒 2020

Wine worth drinking in a thousand dollars

Cheers!
かんぱい！
Salute!
Cin Cin!
Prost!
Salud!

書　　名：仟元內值得喝的葡萄酒 2020
出版日期：2020 年 1 月出版
刷　　數：初版一刷
出版印刷：威智創意行銷有限公司
發 行 人：陳逸民
編　　輯：葡萄酒筆記
美術編輯：陳又陽、邱泊瑜
攝　　影：陳又陽

作　　者：浪子酒歌
發行公司：威智創意行銷有限公司
總 經 銷：紅螞蟻圖書

電　　話：02-7718-5175
傳　　真：02-2735-7387
葡萄酒筆記：02-7718-1789
E-mail：service@winenote.com.tw
Facebook：www.facebook.com/thenote.wine

建議售價：新台幣 280 元